总主编 伍 江 副总主编 雷星晖

陈 庆 朱合华 著

多相材料随机细观力学模型及其在电化学沉积修复中应用

The Stochastic Micromechanical Models of the Multiphase Materials and Their Application in Electrochemical Depostion Method

内容提要

本书提出了多相材料随机细观力学模型。同时,作为一种颇具发展前景的水环境下既有钢筋混凝土结构修复手段,电化学沉积修复法的微细观修复机理和理论模型几乎空白,因此,作者采用多孔混凝土试件进行了一系列电化学沉积修复试验,并基于此,分别提出了描述电化学沉积修复混凝土的多相材料确定性和随机性细观力学模型。

本书适合土木专业人员阅读。

图书在版编目(CIP)数据

多相材料随机细观力学模型及其在电化学沉积修复中应用 / 陈庆,朱合华著. —上海:同济大学出版社,2018.9

(同济博士论丛 / 伍江总主编)

ISBN 978-7-5608-6993-3

Ⅰ. ①多… Ⅱ. ①陈… ②朱… Ⅲ. ①混凝土结构—生物材料—电化学—沉积—力学性能—研究 Ⅳ. ①TU37

中国版本图书馆 CIP 数据核字(2017)第 093735 号

多相材料随机细观力学模型及其在电化学沉积修复中应用

陈 庆 朱合华 著

出 品 人 华春荣 责任编辑 李 杰 熊磊丽

责任校对 徐春莲 封面设计 陈益平

出版发行 同济大学出版社 www.tongjipress.com.cn

(地址:上海市四平路 1239 号 邮编:200092 电话:021-65985622)

经 销 全国各地新华书店

排版制作 南京展望文化发展有限公司

印 刷 浙江广育爱多印务有限公司

开 本 787 mm×1092 mm 1/16

印 张 13

字 数 260 000

版 次 2018 年 9 月第 1 版 2018 年 9 月第 1 次印刷

书 号 ISBN 978-7-5608-6993-3

定 价 62.00 元

“同济博士论丛”编写领导小组

“同济博士论丛”编辑委员会

总 序

在同济大学110周年华诞之际，喜闻"同济博士论丛"将正式出版发行，倍感欣慰。记得在100周年校庆时，我曾以《百年同济，大学对社会的承诺》为题作了演讲，如今看到付梓的"同济博士论丛"，我想这就是大学对社会承诺的一种体现。这110部学术著作不仅包含了同济大学近10年100多位优秀博士研究生的学术科研成果，也展现了同济大学围绕国家战略开展学科建设、发展自我特色，向建设世界一流大学的目标迈出的坚实步伐。

坐落于东海之滨的同济大学，历经110年历史风云，承古续今、汇聚东西，秉持"与祖国同行、以科教济世"的理念，发扬自强不息、追求卓越的精神，在复兴中华的征程中同舟共济、砥砺前行，谱写了一幅幅辉煌壮美的篇章。创校至今，同济大学培养了数十万工作在祖国各条战线上的人才，包括人们常提到的贝时璋、李国豪、裘法祖、吴孟超等一批著名教授。正是这些专家学者培养了一代又一代的博士研究生，薪火相传，将同济大学的科学研究和学科建设一步步推向高峰。

大学有其社会责任，她的社会责任就是融入国家的创新体系之中，成为国家创新战略的实践者。党的十八大以来，以习近平同志为核心的党中央高度重视科技创新，对实施创新驱动发展战略作出一系列重大决策部署。党的十八届五中全会把创新发展作为五大发展理念之首，强调创新是引领发展的第一动力，要求充分发挥科技创新在全面创新中的引领作用。要把创新驱动发展作为国家的优先战略，以科技创新为核心带动全面创新，以体制机制改革激发创新活力，以高效率的创新体系支撑高水平的创新型国家建设。作为人才培养和科技创新的重要平台，大学是国家创新体系的重要组成部分。同济大学理当围绕国家战略目标的实现，作出更大的贡献。

大学的根本任务是培养人才，同济大学走出了一条特色鲜明的道路。无论是本科教育、研究生教育，还是这些年摸索总结出的导师制、人才培养特区，“卓越人才培养”的做法取得了很好的成绩。聚焦创新驱动转型发展战略，同济大学推进科研管理体系改革和重大科研基地平台建设。以贯穿人才培养全过程的一流创新创业教育助力创新驱动发展战略，实现创新创业教育的全覆盖，培养具有一流创新力、组织力和行动力的卓越人才。“同济博士论丛”的出版不仅是对同济大学人才培养成果的集中展示，更将进一步推动同济大学围绕国家战略开展学科建设、发展自我特色、明确大学定位、培养创新人才。

面对新形势、新任务、新挑战，我们必须增强忧患意识，扎根中国大地，朝着建设世界一流大学的目标，深化改革，勠力前行！

万　钢

2017 年 5 月

论丛前言

承古续今，汇聚东西，百年同济秉持“与祖国同行、以科教济世”的理念，注重人才培养、科学研究、社会服务、文化传承创新和国际合作交流，自强不息，追求卓越。特别是近20年来，同济大学坚持把论文写在祖国的大地上，各学科都培养了一大批博士优秀人才，发表了数以千计的学术研究论文。这些论文不但反映了同济大学培养人才能力和学术研究的水平，而且也促进了学科的发展和国家的建设。多年来，我一直希望能有机会将我们同济大学的优秀博士论文集中整理，分类出版，让更多的读者获得分享。值此同济大学110周年校庆之际，在学校的支持下，“同济博士论丛”得以顺利出版。

“同济博士论丛”的出版组织工作启动于2016年9月，计划在同济大学110周年校庆之际出版110部同济大学的优秀博士论文。我们在数千篇博士论文中，聚焦于2005—2016年十多年间的优秀博士学位论文430余篇，经各院系征询，导师和博士积极响应并同意，遴选出近170篇，涵盖了同济的大部分学科：土木工程、城乡规划学(含建筑、风景园林)、海洋科学、交通运输工程、车辆工程、环境科学与工程、数学、材料工程、测绘科学与工程、机械工程、计算机科学与技术、医学、工程管理、哲学等。作为“同济博士论丛”出版工程的开端，在校庆之际首批集中出版110余部，其余也将陆续出版。

博士学位论文是反映博士研究生培养质量的重要方面。同济大学一直将立德树人作为根本任务，把培养高素质人才摆在首位，认真探索全面提高博士研究生质量的有效途径和机制。因此，“同济博士论丛”的出版集中展示同济大学博士研究生培养与科研成果，体现对同济大学学术文化的传承。

“同济博士论丛”作为重要的科研文献资源，系统、全面、具体地反映了同济大学各学科专业前沿领域的科研成果和发展状况。它的出版是扩大传播同济科研成果和学术影响力的重要途径。博士论文的研究对象中不少是“国家自然科学基金”等科研基金资助的项目，具有明确的创新性和学术性，具有极高的学术价值，对我国的经济、文化、社会发展具有一定的理论和实践指导意义。

“同济博士论丛”的出版，将会调动同济广大科研人员的积极性，促进多学科学术交流、加速人才的发掘和人才的成长，有助于提高同济在国内外的竞争力，为实现同济大学扎根中国大地，建设世界一流大学的目标愿景做好基础性工作。

虽然同济已经发展成为一所特色鲜明、具有国际影响力的综合性、研究型大学，但与世界一流大学之间仍然存在着一定差距。“同济博士论丛”所反映的学术水平需要不断提高，同时在很短的时间内编辑出版 110 余部著作，必然存在一些不足之处，恳请广大学者，特别是有关专家提出批评，为提高同济人才培养质量和同济的学科建设提供宝贵意见。

最后感谢研究生院、出版社以及各院系的协作与支持。希望“同济博士论丛”能持续出版，并借助新媒体以电子书、知识库等多种方式呈现，以期成为展现同济学术成果、服务社会的一个可持续的出版品牌。为继续扎根中国大地，培育卓越英才，建设世界一流大学服务。

伍　江

2017 年 5 月

前 言

由于生产或者形成过程无法完全控制，且各相组分性能自身存在差异，工程材料宏观性能呈现随机性特点。为了探索导致工程材料宏观性能随机性的深层次原因，本书提出了多相材料随机细观力学模型。同时，作为一种颇具发展前景的水环境下既有钢筋混凝土结构修复手段，电化学沉积修复法的微细观修复机理和理论模型几乎空白，因此，笔者采用多孔混凝土试件进行了一系列电化学沉积修复试验，并基于此，分别提出了描述电化学沉积修复混凝土的多相材料确定性和随机性的细观力学模型。主要内容如下：

第一，采用应变集中张量定义材料的有效模量，并基于已有成果获取该应变集中张量的近似解析解，形成本书的确定性细观力学模型。然后，采用随机向量对多相材料的微观结构进行描述，为获取材料宏观有效性能的概率特征：① 首次提出了包含维数分解、牛顿插值和蒙特卡洛法在内的随机模拟方法。在保证精度的情况下，该模拟方法可以大大减少求解细观力学方程的次数。② 首次将最大熵原理应用于多相材料宏观有效性能的概率表征；同时，对有效性能参数进行标准化处理，使得求解结果更为稳定。实例验证由该方法获取的材料宏观有效性能的概率密度更为合理。

第二，为了获取电化学沉积修复过程中混凝土不同尺度上的结构特征，采用宏微观试验相结合的手段深入认识电化学沉积修复的机理：采用超声检测和渗透试验等方法获取试件宏观性能；采用医学CT和工业CT观测试件内部孔隙分布和沉积物分布等；采用SEM等手段研究电化学沉积产物的微观结构和界面结构等；同时采用修复评价指标的统计特征对修复效果进行更为合理的评价。

第三，以所提(随机)细观力学模型为理论指导，以试验观测结果为物理基础，分别提出了描述电化学沉积修复混凝土的确定性和随机性的细观力学模型：① 将传统的混凝土骨料、砂浆及两者的界面视为基体相，将孔隙、水和电化学沉积产物视为夹杂相，建立电化学沉积修复(非饱和)混凝土的确定性细观力学模型，为了预测所提(微)细观力学模型的有效性，采用了多层次均匀化的思路进行处理。为了推广Mori-Tanaka方法的应用，引入近似修正函数，使其可以用于预测等效夹杂的有效模量。为了考虑干燥等条件的影响，又对所提模型进行了修正。② 以所提电化学沉积修复混凝土确定性细观力学模型为基础，考虑材料自身和修复过程的客观不确定因素，采用非平稳随机过程描述电化学沉积产物的生长，建立了描述电化学沉积修复混凝土的多相材料随机细观力学模型，为从细观层次定量描述修复过程混凝土宏观性能概率密度演化提供理论手段。

最后，对进一步工作的方向进行了简要的讨论。

目录

主要符号

$\bar{\boldsymbol{\sigma}}$　代表性体积单元平均应力

$\bar{\boldsymbol{\sigma}}_0$　代表性体积单元基体相平均应力

$\bar{\boldsymbol{\sigma}}_r$　代表性体积单元第 r 相夹杂平均应力

$\bar{\boldsymbol{\varepsilon}}$　代表性体积单元平均应变

$\bar{\boldsymbol{\varepsilon}}_0$　代表性体积单元基体相平均应变

$\boldsymbol{\varepsilon}_r$　代表性体积单元第 r 相夹杂平均应变

$\boldsymbol{C}_*$　复合材料有效刚度

$\boldsymbol{C}_0$　基体相的弹性刚度张量

$\boldsymbol{C}_r$　第 r 相夹杂的弹性刚度张量

V　代表性体积单元的体积

V_{m}　代表性体积单元中基体的体积

V_r　代表性体积单元中第 r 相夹杂的体积

n　夹杂的相数

$\boldsymbol{B}_r$　第 r 相夹杂的应变集中张量

ϕ_r　第 r 相夹杂的体积含量

$\boldsymbol{\varepsilon}'(\boldsymbol{x})$　夹杂相产生的扰动应变场

$\boldsymbol{\varepsilon}^*(\boldsymbol{x})$　本征应变

$\boldsymbol{G}(\boldsymbol{x}-\boldsymbol{x}')$	线弹性均匀基体中的格林函数
δ_{ij}	克罗内克符号
$\boldsymbol{S}$	Eshelby 张量
Ω_r^i	r 相夹杂中第 i 个颗粒的体积
N_r	r 相夹杂中颗粒总数
K^*	复合材料的有效体积模量
K_0	基体的体积模量
K_i	第 i 相夹杂体积模量
μ^*	复合材料的有效剪切模量
μ_0	基体的剪切模量
μ_i	第 i 相夹杂剪切模量
E^*	复合材料的有效体积模量
ν_0	基体的泊松比
ν_i	第 i 相夹杂的泊松比
$\boldsymbol{\Omega}$	样本空间
ξ	样本空间的子集
P	概率或者概率测度
$\boldsymbol{R}^N$	N 维实向量空间
$\boldsymbol{r}_m$	$\boldsymbol{R}$ 的第 m 个样本
M	样本数量
$\boldsymbol{D}^V$	刚度张量的 Voigt 上界
$\boldsymbol{D}^R$	刚度张量的 Reuss 下界
$\boldsymbol{M}_r$	第 r 相夹杂的柔度张量
K^V	体积模量 Voigt 上界
μ^V	剪切模量 Voigt 上界
E^V	杨氏模量 Voigt 上界

K^{R}	体积模量 Reuss 下界
μ^{R}	剪切模量 Reuss 下界
E^{R}	杨氏模量 Reuss 下界
NE^{*}	标准化处理后的杨氏模量
$N\mu^{*}$	标准化处理后的剪切模量
NK^{*}	标准化处理后的体积模量
E^{*}_{HS1}	杨氏模量的 H－S 上限
E^{*}_{HS2}	杨氏模量的 H－S 下限
μ^{*}_{HS1}	剪切模量的 H－S 上限
μ^{*}_{HS2}	剪切模量的 H－S 下限
K^{*}_{HS1}	体积模量的 H－S 上限
K^{*}_{HS2}	体积模量的 H－S 下限
E_{d}	材料的动弹性模量
α	等效的长短轴比
S_{eff}	有效饱和度
V_{P-sat}	水完全充满的孔隙体积
V_{P}	混凝土的总的孔隙体积
ϕ_{eff}	修复混凝土的有效孔隙率
χ_{μ}	剪切模量修正系数
χ_{E}	杨氏模量修正系数
χ_{K}	体积模量修正系数
V_{int}	混凝土基体的体积

第1章 绪论

1.1 引言

由于各组分自身差异(如混凝土中的骨料、砂浆等)、生产或者形成过程无法完全控制等因素,工程材料的微观结构在时间、空间上往往呈现明显的随机性,这导致工程材料宏观特性一般亦具有随机性,因此,在相同外部作用下,工程结构的反应性态也表现出不同程度的随机性。《工程结构可靠度设计统一标准》(GB 50153－92)明确规定工程材料性能宜采用随机变量概率模型描述。为获取材料性能的概率分布类型和统计参数,当前做法主要以试件宏观试验数据为基础,运用参数估计方法和概率分布的假设检验方法确定。然而,该方法无法揭露导致工程材料宏观性能随机性的内在原因(如各组分自身性能差异、空间分布差异等),很难为新材料设计、既有材料结构性能评估和改善等提供参考。

得益于数学、物理学、化学、材料科学、生物学、流体力学等各个领域科学家的共同努力,多尺度分析已成为研究材料不同尺度性能关联的重要手段(Bernard 等,2003;Mondal,2008;Abu Al-Rub 等,2010;柴立和,2005)。唐人魏征言:“求木之长者,必固其根本;欲流之远者,必浚其泉源。”固本浚源,正体现了材料多尺度分析的重要意义。本书试图以多尺度分析为手段，从材料的微细观结构出发(即各组分材料的性能、形态以及空间分布等)探索导致材料宏观性能不确定性的原因，为材料的生产、设计提供理论指导。

多尺度分析范畴广泛，包括(微)细观力学、纳米力学、位错动力学模拟、拟连续介质模拟以及关于材料的强度模拟等(范镜泓，2008)。其中，确定性(传统)细观力学(源于英文单词“Micromechanics”，国内有些文献也称其为微观力学)连接了材料的微细观结构和宏观性能，为从微细观层次揭示材料宏观性能特点提供了重要手段(范镜泓，2008；Torquato，2001)。然而，材料确定性细观力学模型是采用某种意义的均值参数(如整体平均参数或者体积平均参数)描述材料的微细观结构，即不承认或者完全忽略了材料微观结构固有的变异性。为了刻画微细观结构不确定性(变异性)对宏观性能的影响，Ferrante 和 Graham-Brady(2005)等引入功能梯度材料微细观结构随机描述，提出了功能梯度材料的随机细观力学模型，为从微细观层次揭示功能梯度材料宏观性能的不确定提供手段。类似研究还有 Guilleminot 等(2008)，Guilleminot 等(2009)，Sriramula 和 Chryssanthopoulos(2009)，Caro 等(2010)等。基于此背景，本书试图在确定性细观力学模型的基础上，引入材料微细观结构的随机描述和随机函数概率特征获取方法，提出多相复合材料的随机细观力学模型，如图 1－1 所示，丰富材料随机多尺度模拟的内容，为新材料的生产、设计，既有材料性能预测和改善等提供理论基础。

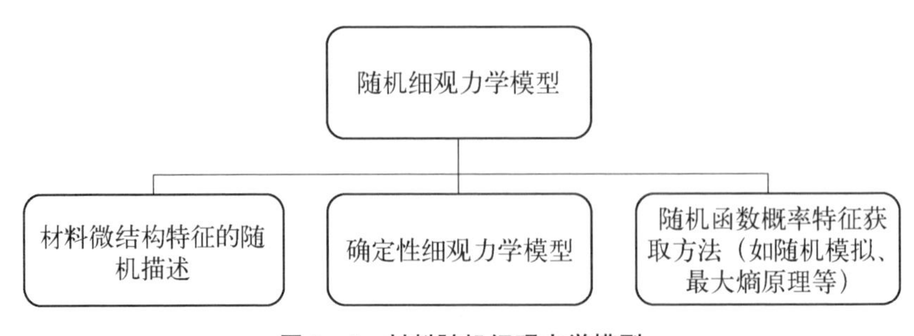

图 1－1　材料随机细观力学模型

此外，作为一种颇具发展前景的水环境下既有钢筋混凝土结构修复手段，电化学沉积修复方法已引起国内外众多学者的关注（Ryu，2003a，2003b；Ryou 和 Otsuki，2005；Jiang 等，2008）。目前，对电化学沉积修复方法的研究还主要集中在电化学沉积修复试件制作、修复效果评价及其影响因素分析等内容上。对于电化学沉积修复过程，混凝土微观结构的演化及其与宏观性能的定量关系研究很少，尚未见有关电化学沉积修复混凝土的（随机）细观力学模型。鉴于此，首先，本书采用多孔混凝土试件进行电化学沉积修复试验，并采用宏微观试验手段，对修复过程试件的微观结构和宏观性能进行测量，进一步揭示电化学沉积修复的机理；其次，作为本书所提（随机）细观力学模型思想的一个应用，也作为电化学沉积修复方法在理论模型方面的进一步探索，本书基于一系列电化学沉积修复混凝土宏微观试验结果，从修复混凝土微观结构和宏观性能的演化出发，建立了描述电化学沉积修复混凝土的确定性多相材料细观力学模型，并在此基础上，考虑材料自身和修复过程等的客观不确定因素，采用非平稳随机过程描述电化学沉积产物的生长，建立了描述电化学沉积修复混凝土的多相材料随机细观力学模型，为修复过程混凝土宏观性能概率密度演化提供理论手段。

1.2 细观力学模型研究现状

1.2.1 确定性细观力学模型

一般认为，材料的微细观结构包括各组分力学性能、体积含量、形状、朝向以及空间分布等信息；材料的宏观性能包括材料力学参数、渗透系数、导热系数等（Milton，1982；Torquato，1985，1997，1998；Rubinstein 和 Torquato，1989）。为定量关联材料的微细观结构和宏观有效力学性能，许多学者对确定性细观力学模型进行了探索。

Eshelby(1957,1959,1961)提出了等效夹杂的理论,求解了远场力作用下含单个椭球形夹杂的无限大弹性体内部的应力场和应变场,为细观力学的发展奠定了基础。Mura(1987),Nemat-Nasser 和 Hori(1993),Qu 和 Cherkaoui(2006)对细观力学的理论和应用做了总结和阐述。总体而言,可将细观力学方法分为三大类:① 界限法:该类方法是试图利用材料的微细观结构寻找材料有效力学性能的范围,而非某一近似值。最常见的界限包括 Reuss 下界和 Voigt 上界(Qu 和 Cherkaoui,2006)。所谓 Reuss 下界,也称为等应力模型,其假设各组分材料之间的构形为串联;Voigt 上界,也称为等应变模型,其假设各组分材料的构形为并联。Hashin 和 Shtrikman(Hashin 和 Shtrikman,1962a;Hashin 和 Shtrikman,1962b;Hashin 和 Shtrikman,1963)提出了更为严格的有效性能上下界,其思想是基于最小应变能原理和余能原理,采用变分的方法求得多相复合材料有效模量的上下限。类似的研究还有 Willis(1977,1991)与 Beran 和 Molyneux(1966)等。界限法给出了材料有效性能的合理分布区间,是判断其他预测模型合理与否的重要手段。Wang 和 Pan(2009)采用 Reuss 下界和 Voigt 上界、Hashin - Shtrikman (H - S)上下界验证其数值计算结果;Ju 和 Chen(1994b)采用 H - S 上下界检验其提出的细观力学模型;Zhu 等(2014)采用 Reuss 下界和 Voigt 上界验证其提出的电化学沉积修复混凝土的细观力学模型。② 有效场法:该方法通过引入有效介质近似考虑夹杂间的相互作用,通过求解应变集中张量获取材料的有效模量。较常见的有 Hill(1965)的自洽法、Roscoe(1973)的微分法、Mori - Tanaka 法(Mori 和 Tanaka,1973;Benveniste,1987)、Christensen 和 Lo(1979)的广义自洽法。有效场方法概念清晰,应用广泛,Sheng 和 Callegari(1984),Sheng(1990),Nguyen 等(2011)将其应用与预测岩石的有效性能;Li 等(1999),Yaman 等(2002b),王海龙和李庆斌(2005),Wang 和 Li(2007)将其应用于混凝土的有效模量预测;Zhu 等(2014),Yan 等(2013)将其应用于饱和与非饱和混凝土电化学沉积修复的细观力学模型；Yang 等(2007)将该类方法应用于预测含多种夹杂材料的有效模量；Garboczi 和 Berryman(2001)对比了有效场方法和有限元方法的预测结果，两者结果吻合较好。③ 直接法：该类方法是通过近似假设夹杂分布构形，结合等效夹杂理论，直接求解材料有效模量(Chen 和 Acrivos，1978；Ju 和 Chen，1994a，1994b；Ju 和 Sun，1999)。Ju 和 Zhang(1998)利用该理论框架求解了纤维增强材料的有效模量；Ju 和 Sun(2001)，Sun 等(2003a)，Sun 和 Ju(2001，2004)将此类方法应用于金属基材料。通过考虑界面效应和尺寸效应等，Ju 和 Yanase(2010，2011a，2011b)，Yanase 和 Ju(2012)进一步发展了此类方法；Yan 等(2013)将该类方法应用于电化学沉积修复混凝土有效模量预测。另外，通过假设材料微观结构呈周期性分布，Nemat-Nasser 和 Taya (1981，1985)，Iwakuma 和 Nemat-Nasser(1983)通过傅里叶展开方法求解有效模量。

如将细观力学思想和断裂力学、损伤力学等相结合，可建立材料的(微)细观损伤力学模型，如 Ju 和 Lee(1991)，Lee 和 Ju(1991)，Feng 和 Yu(1995)提出了拉力和压力作用下混凝土的微细观损伤模型；Ju 和 Chen(1994c，1994d)，Ju 和 Tseng(1992，1995)提出考虑裂缝相互作用的两维和三维脆性材料微细观损伤模型；Ju 和 Lee(2000，2001)，Sun 等(2003b)提出延性基复合材料的弹塑性微细观损伤模型；Ju 等(2006)提出了纤维增强材料微细观损伤模型。

在国内，张子明等(2007)、张研和张子明(2008)用细观力学方法对复合材料宏观有效热膨胀系数进行研究。东南大学的陈志文和李兆霞(2010)为了解局部细节含细观缺陷结构在劣化初期的力学行为，建立了结构损伤在细、宏观尺度下的分析模型。基于均匀化方法和连续损伤力学框架，提出了一个可实现跨越细、宏观尺度结构损伤演化过程分析的均匀化算法。同济大学的李杰和任晓丹(2010)从摄动均匀化理论出发，基于不可逆热力学理论，建立了联系细观尺度与宏观尺度的多尺度能量积分，再结合经典连续损伤理论,建立了基于微结构计算宏观连续损伤变量的一般方法体系,即为多尺度损伤表示理论。该理论将多尺度分析方法与传统连续损伤力学紧密结合在一起;在此基础上建立的数值算法既能够从细观和宏观两个尺度上反映整体结构的损伤和破坏过程,同时数值模拟的计算量也能够控制在合理的范围内。

从上述可知,预测材料宏观性能的细观力学方法很多,且其在复合材料性能预测中发挥重要作用,但是,关于其在电化学沉积修复混凝土中的应用研究很少。

1.2.2 随机细观力学模型

从微细观层次出发,几乎所有工程材料(如混凝土、岩石等)都将是复杂的系统(Torquato,2001),依据非完备观测与非完全控制原理(李杰,1998),对其进行随机描述更为合理。随着各学科的发展,与之相应的材料随机多尺度分析也成为当前研究的前沿和热点(Banchs 等,2007;Biswal 等,2007;Chakraborty 和 Rahman,2008,2009;Liu 等,2009;Rahman,2009;Yin 等,2009)。

作为随机多尺度分析的重要组成部分,材料的随机细观力学模型也引起了国内外学者的重视。Ferrante 和 Graham-Brady(2005)分别采用非平稳高斯场和非平稳非高斯场对功能梯度材料微观结构进行描述,然后通过随机模拟得到功能梯度材料宏观性能的概率特征。Rahman 和 Chakraborty(2007)采用边缘分布为 Beta 分布的非平稳场描述功能梯度材料加强相的体积分布,采用随机向量描述加强相和基体相的力学参数,结合 Mori - Tanaka 法获取功能梯度材料宏观性能的概率特征。Guilleminot 等(2008a,2008b)采用随机场描述纤维含量,建立纤维增强材料的随机细观力学模型,并结合无损检测技术定量测定纤维的空间分布。Caro 等(2010)引入随机场描述孔隙分布,建立了水分扩散过程沥青混合料劣化的随机细观力学模型。Mehrez 等(2012a,2012b)采用超声检测技术测试了悬臂梁弹性模量,并引入随机场对悬臂梁弹性模量的空间变异进行模拟,从试验和理论角度揭示了复合材料宏观性能的空间变异性。Grigoriu 等(2006)引入随机场产生随机系数,结合球谐函数,采用蒙特卡洛法建立了包含统计特征的虚拟混凝土骨料。

国内学者唐春安等试图从数值角度来考虑微观结构随机性对材料宏观性能的影响。唐春安和朱万成(2003)为了考虑混凝土各相组分力学特性分布的随机性,将各组分的材料特性按照某个给定的 Weibull 分布来赋值。各个组分(包括砂浆基质、骨料和界面)投影在网格上进行有限元分析,并赋予各相材料单元以不同的力学参数,从数值上得到一个力学特性随机分布的混凝土数值试样,用有限元法计算这些细观单元的应力和位移;按照弹性损伤本构关系描述细观单元的损伤演化;按最大拉应力(或者拉应变准则)和摩尔-库仑准则分别作为细观单元发生拉伸损伤和剪切损伤的阈值条件。在国内,还很少有学者从材料随机细观力学模型角度来考虑材料微细观结构不确定性对宏观性能随机性的影响。

总体而言,尽管国外学者已有提出功能梯度材料、纤维增强材料等的随机细观力学,但对比材料的确定性细观力学模型,材料的随机细观力学模型的研究尚处在起步阶段,更未见电化学沉积修复混凝土的随机细观力学模型。

1.3 电化学沉积修复混凝土研究现状

1.3.1 混凝土的多尺度特征和修复的主要方法

混凝土作为当前运用最为广泛的建筑材料之一,其材料结构呈现多尺度特征(Mondal,2008;Lee 等,2009;Al-Rub 等,2010)。图 1-2 表示四个

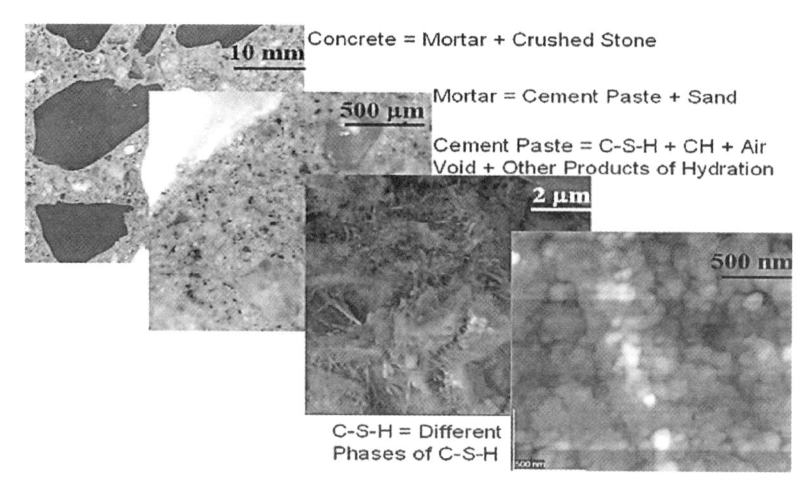

图 1-2　混凝土不同尺度结构特征(Mondal,2008)

不同尺度下混凝土的结构特征(Mondal,2008)。

针对混凝土不同尺度上出现(或者可能出现)的损伤,需对其进行修复或者加固处理。为了区别起见,本书作如下规定:当混凝土的损伤还未发展致宏观尺度,即混凝土的损伤还停留在(微)细观尺度,尚未明显影响混凝土结构或者构件的安全性能时,增强混凝土性能的方法或者防止混凝土进一步劣化的方法,称之为混凝土修复方法;反之,当混凝土损伤已发展至宏观尺度,影响了混凝土结构或者构件的安全性能时,增强混凝土性能的方法或者防止混凝土进一步劣化的方法,称之为混凝土加固方法。

导致混凝土结构出现宏观损伤(如宏观裂缝)的原因一般是因灾害(如火灾、地震以及风等)或施工质量不到位或结构功能改变等因素,使得结构设计的自身承载能力小于外荷载作用。对于这些结构需要对其进行加固处理,如加大截面加固法、置换混凝土加固法、外粘型钢加固法、粘贴纤维复合材料加固法和预应力加固法等[《混凝土结构加固设计规范》(GB 50367-2006)]。所采用的加固方法多是从提高结构的有效受力面积出发(如加大截面法等),减小截面的应力;或者直接改变结构的受力体系,改变其传力途径(如增加支撑法等),从而降低结构构件的受力,最终达到加固的目的。结构加固需根据实际条件以及使用要求选择适宜的加固方法。

材料腐蚀、材料劣化以及循环荷载等常常导致钢筋混凝土结构产生(微)细观尺度的损伤,使钢筋混凝土结构性能下降,影响其耐久性。对于这些结构需要进行混凝土修复处理。如不及时加以修复,其将进一步影响结构的承载力,威胁结构的安全性能。

传统的钢筋混凝土结构修复方法有:表面处理法、灌浆法、填充法等(蒋正武等,2009)。随着仿生学的发展,为了更好地修复材料微细观尺度的损伤,许多学者开始探索材料的智能自修复行为(White 等,2001;Chen 等,2002;Toohey 等,2007)。美国伊利诺伊大学的 Dry 是较早从事混凝土自修复研究的学者,他采用不同修复剂材料,考虑内埋胶囊、内埋纤维管等修复机制,研究修复后混凝土的动力和静力性能等(Dry,1994,1996a,1996b,1996c,1997,1998,1999a,1999b,2000,2001;Dry 和 Sottos,1993;Dry 和 Mcmillan,1996;Dry 和 Corsaw,1998,2003)。Yang 等(2011)研究了早期混凝土的自修复行为;Bang(2001),De Muynck(2008),Van Tittelboom 等(2010)对细菌修复混凝土进行研究;Ramachandran(2001)研究了内埋微球体等微修复机制混凝土的自修复行为;Maji(1998)对形状记忆合金(SMA)修复混凝土进行研究。

上述混凝土结构自修复方法更适合于新建结构,对于既有钢筋混凝土结构修复尚有缺陷。电化学修复法作为一种新兴的适用于既有钢筋混凝土修复手段,其内容可包括:阴极保护法(Baldwin 等,1995;Pedeferri,1996;Hartt,2002)、电化学除氯法(Hansson 和 Hansson,1993;Marcotte 等,1999;Climent 等,2006)、电化学再碱化(Miranda 等,2006;Miranda 等,2007)以及电化学沉积法等。前三种电化学修复技术的原理较为相似:在电场的作用下,混凝土内部的阴极反应产物 OH^- 及混凝土中原有的 Cl^- 通过钢筋穿过保护层向混凝土表面迁移;外部的阳离子 Na^+,K^+,Ca^{2+} 等向阴极迁移;同时,由于电渗作用,碱性电解质会快速渗透到混凝土内部,加上 OH^- 的产生和迁移,使混凝土的 pH 值升高,氯离子含量降低。为此,通过改善钢筋的特定环境实现钢筋混凝土结构的修复(张羽等,2009)。而电化学沉积修复法除了具备上述功能外(Chang 等,2009;储洪强,2005),还通过电解质中阳离子和 OH^- 的化学反应生产电化学沉积产物,该产物可修复或者填补钢筋混凝土中已有的孔隙和裂缝。

1.3.2 电化学沉积修复混凝土试验研究现状

如上所述,尽管目前混凝土(自)修复的方法很多,但是适合水环境下既有钢筋混凝土结构修复的较少。作为一种新兴的混凝土(自)修复方法,电化学沉积法利用阴极(钢筋)产生的沉积产物填补裂缝,适用于有水环境下的既有结构裂缝的修复(蒋正武等,2009)。日本自 20 世纪 80 年代后期开始电化学沉积方法修复海工混凝土结构的研究(Yokoda 等,1992),即以带裂缝的海工混凝土结构中的钢筋为阴极,在海水中放置难溶性阳极,两者之间施加弱电流,在电位差的作用下正负离子分别向两极移动,并发生一系列的反应,最后,在海工混凝土结构的表面和裂缝里面生成沉积物,愈合混凝土裂缝。而后,国内外学者对电化学沉积方法修复混凝土进行了许多试验室探索(Otsuki 等,1999;Ryu 和 Otsuki,2002a,2002b;Ryu,2003a,2003b;Jiang 等,2008)。

总体而言,当前电化学沉积修复混凝土试验研究主要集中在以下三个方面:

第一,围绕如何生产待修复混凝土试件展开。考虑导致混凝土带裂缝工作的因素复杂,因此,在生产修复试件时,总是采用近似方法来模拟实际损伤的混凝土。加载预制法是较常用的方法,即对完好混凝土试件进行加载(如受压、受弯等)使其产生裂缝。Ryu(2003a)采用劈拉荷载(splitting tensile loading)制备带裂缝试件;Ryou 和 Monteiro(2004)采用弯荷载

(a bending load)制备带裂缝试件;Ryou 和 Otsuki(2005),Mohankumar(2005)也采用加载方式(load-induced)制造裂缝;国内学者蒋正武等(2004)、姚武和郑晓芳(2006)对混凝土试件施加压荷载制备修复试件;储洪强等(2009)对试件施加横向劈裂荷载产生贯穿裂缝。除了采用加载方式制备带裂缝试件外,Ryu(2001),Otsuki 和 Ryu(2001)制备带干缩裂缝的混凝土试件;Ryu 和 Otsuki(2002a,2002b)采用氯离子侵蚀的方法生产带裂缝修复试件;Chang 等(2009),储洪强等(2010)采用人工预制的方法生产带裂缝试件;Jiang 等(2008)采用多孔混凝土试件模拟带裂缝的混凝土试件,即通过改变混凝土的配比(减少细骨料的含量)来提高试件的孔隙含量,该方法可以通过孔隙率对损伤程度进行定量描述。

第二,围绕修复效果的评价指标展开。大部分电化学沉积试验采用的评价指标是质量增加率、表面覆盖率、裂缝愈合率、裂缝填充深度和渗透系数(Otsuki 等,1999;Ryu 和 Otsuki,2002a;Ryu,2003a);蒋正武等(2008)采用超声波速度和沉积物微观结构(通过 SEM 获取)评价修复效果;Otsuki 和 Ryu(2001)认为修复前后的孔径分布变化可用来评价修复效果;储洪强(2005)、储洪强和蒋林华(2006)从带裂缝的混凝土经电沉积处理后的抗碳化性能及孔分布变化两个方面评价修复效果;Ryou 和 Otsuki(2005)、Chang 等(2009)采用试件的抗弯强度作为评价指标之一。

第三,围绕影响电化学修复效果的因素展开。影响修复效果的因素主要包括电解质溶液类型、溶液浓度、溶液温度、电流强度、电极类型和距离、混凝土自身参数以及添加剂等。

(1) 溶液类型:Otsuki 和 Ryu(2001)选取 $MgCl_2$,$ZnSO_4$,$AgNO_3$,$CuCl_2$,$Mg(NO_3)_2$,$CuSO_4$,$Ca(OH)_2$,$NaHCO_3$ 共 8 种溶液进行试验。结果表明,采用 $MgCl_2$,$ZnSO_4$,$Mg(NO_3)_2$ 电沉积溶液,裂缝里面和周围存在较多沉积物,主要矿物成分分别为 $Mg(OH)_2$,ZnO,$Mg(OH)_2$;采用 $AgNO_3$ 电沉积溶液,试件上的沉积物只分布在裂缝的周围,主要矿物成分

为银；而采用 $CuCl_2$，$CuSO_4$，$Ca(OH)_2$，$NaHCO_3$ 电沉积溶液，试件表面几乎没有沉积物。

（2）溶液浓度和电流强度：Jiang 等（2008）采用多孔混凝土试件进行修复试验，其中电解液为 $Mg(NO_3)_2$ 电沉积溶液，浓度分别为 0.05 mol/L，0.1 mol/L，电流密度分别为 0.5 A/m^2，1.0 A/m^2，持续通电 8 周。试验结果表明，多孔混凝土的质量增加量随电化学沉积修复时间的增长而增大，电流密度与电解质浓度越大，电化学沉积速率越快，多孔混凝土的透水系数越小，声速越大。

（3）溶液温度：Ryu（2003a）和储洪强（2005）研究了电沉积溶液的温度对电沉积效果的影响。Ryu 选用 2 种温度（20℃，35℃），认为温度较高则裂缝愈合较快，90 d 后单位面积上质量增加率也较大。储洪强（2005）选用 3 种温度（15℃，30℃，45℃），认为表面覆盖率随电沉积溶液温度的升高而降低，裂缝愈合率随温度升高而升高，温度对裂缝填充深度影响不大，质量增加率随温度的变化无明显的规律。

（4）电极类型和距离：储洪强（2005）研究了辅助电极及其电极距离对电沉积效果的影响。试验选用 $ZnSO_4$，$MgSO_4$ 电沉积溶液，浓度为 0.25 mol/L，3 种辅助电极（圆柱石墨、片状钛网板、棱柱状钛网板），电极距离分别为25 mm，40 mm 和 60 mm，通电 20 d。结果表明，不论辅助电极和电极距离如何选取，刚开始 5 d 的裂缝愈合速度最快，20 d 后裂缝基本上完全愈合；在所选 3 种辅助电极中从试件质量增加率、表面覆盖率及裂缝愈合率等指标来看棱柱状钛网板电极效果最好；试件表面覆盖率随电极距离的增大而增大，裂缝愈合率随电极距离的增大而减小；采用 $MgSO_4$ 电沉积溶液，质量增加率随电极距离的增大而增大，而采用 $ZnSO_4$ 电沉积溶液，质量增加率随电极距离的变化没有明显的规律。

（5）混凝土自身参数：Ryu（2003a）以及储洪强（2005）就混凝土本身的参数对电沉积修复效果的影响进行了研究。Ryu（2003a）试验结果表明，裂缝宽度越小，裂缝封闭越快；保护层厚度越小，试件的质量增加量越大，裂缝完全愈合时间越短，试验进行 30 d 后，裂缝愈合率都能达到 100%；水灰比越大，单位面积上获得的沉积物质量越大。储洪强(2005)也对混凝土的水灰比、保护层厚度、裂缝宽度对电沉积效果的影响进行了研究，其结果表明，不论混凝土参数(水灰比、保护层厚度、裂缝宽度)如何变化，刚开始 5 d 的裂缝愈合速度最快，20 d 后裂缝基本上完全愈合；试件质量增加率及裂缝愈合率随水灰比的增大而增大，而表面覆盖率随水灰比的增大而减小；质量增加率、表面覆盖率及裂缝愈合率都随保护层厚度的增大而减小；表面覆盖及裂缝愈合率随裂缝宽度的增大而减小，裂缝填充深度及裂缝横断面覆盖率随裂缝宽度的增大而增大。

(6) 添加剂：储洪强(2005)、Chu 和 Wang(2011)研究表明，试件表面覆盖率及裂缝填充深度随添加剂掺量的增加而变大，而裂缝愈合率随添加剂掺量的增加而减小；未掺加添加剂的 $ZnSO_4$ 电沉积溶液中，沉积物出现了 2 种形貌(颗粒状和层状结构)，而且以层状结构为主；在电沉积溶液中掺加添加剂后，沉积物的组成没有改变，仅对其微观结构有一定的影响，随添加剂掺量的不同会形成形貌相异的沉积物，加入添加剂后使电沉积层更趋致密、平整。

尽管国内外的学者已经对电化学沉积方法修复混凝土裂缝进行了很多有益的试验探索，但是，还缺乏宏微观试验手段相结合的系统性研究，尤其对修复过程混凝土微结构演化研究很少，尚未见有学者采用 CT 手段(Wang 等，2001；Wang 等，2003；Wang 等，2004)对其微观结构进行观测，同时，关于修复过程混凝土不同尺度的性能演化及其定量关联也基本没有涉及。

1.3.3 电化学沉积修复混凝土细观力学模型研究现状

作为一种新兴的混凝土修复方法，电化学沉积修复法在细观尺度的定量描述(细观力学模型)基本为空白。但是，传统混凝土(未修复混凝土)的细观力学模型已有较多的研究。混凝土细观尺度通常指尺度变化范围在10^{-4}厘米至几厘米，关注混凝土中的粗细骨料、水泥水化物、孔隙、界面等细观结构(马怀发等，2004；杜修力和金浏，2011)。混凝土细观力学模型主要包括混凝土细观数值模型和细观理论模型，其中细观数值模型有：格构模型(Schlangen 和 Garbociz，1996)，离散元模型(Cundall 和 Hart，1992)，随机力学特性模型(Zhu 和 Tang，2002)，随机骨料模型(刘光庭和王宗敏，1996；Wang 等，1999)等。混凝土细观力学理论模型分为以下三大类。

1. 半经验模型

半经验模型主要是用于建立混凝土孔隙率和弹性模量的关系。其主要思路是通过参数拟合建立孔隙率为零的混凝土弹性模量和孔隙率为 p 的混凝土的弹性模量的关系(Martin 等，1996)，具体形式如表 1 - 1 所示。

表 1 - 1　混凝土半经验力学模型

序　号	表　达　式	备　　注
1	$E=E_0(1-a_1p)$	p 是孔隙率 E 是孔隙率为 p 时混凝土的弹性模量 E_0 是孔隙率为 0 时混凝土的弹性模量 n，a_1，a_2 是经验拟合参数
2	$E=E_0\exp(1-a_1p)$	
3	$E=E_0(1-p)/(1+a_1p)$	
4	$E=E_0(1-p)^{2n+1}$	
5	$E=E_0\exp-(a_1p+a_2p^2)$	

如果从夹杂的性质来看，可将半经验模型归为混凝土软夹杂模型，即其夹杂的力学参数低于基体的力学参数。

2. 两相细观力学模型(Two-Phase Meso-Mechanical Models)

两相细观力学模型主要是通过简化基体和夹杂的空间布置，近似获取等效的弹性模量。具体而言，通过假设基体和夹杂的构型为并联、串联，或者部分并联部分串联等方式，从而获取相应的弹性模量。该类模型常用来分析骨料对混凝土性能的影响(Counto，1964；Hansen，1965；Zimmerman

等,1986;Zhou 等,1995)。具体形式如表 1-2 所示。

表 1-2 两相细观力学模型

类别	表 达 式	集体和夹杂的构型
Voigt	$E=c_1E_1+c_2E_2$	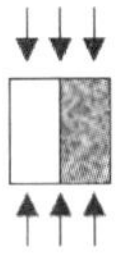
Reuss	$\frac{1}{E}=\frac{c_1}{E_1}+\frac{c_2}{E_2}$	
Counto	$\frac{1}{E}=\frac{1-\sqrt{c_2}}{E_1}+\frac{1}{\left(\frac{1-\sqrt{c_2}}{\sqrt{c_2}}\right)E_1+E_2}$	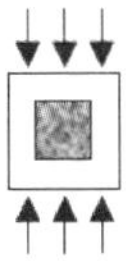
Hirsch	$E=0.5\left[\frac{1}{c_1E_1+c_2E_2}\right]+0.5\left[\frac{c_1}{E_1}+\frac{c_2}{E_2}\right]$	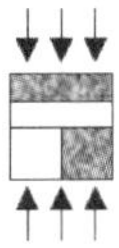

注:c_1, c_2 是基体和夹杂的体积含量;E 是混凝土的弹性模量;E_1, E_2 是基体和夹杂的弹性模量。图中,白色代表基体,灰色代表夹杂。

如果从夹杂的性质来看,可将两相细观力学模型归为混凝土硬夹杂模型,即其夹杂的力学参数高于基体的力学参数。

3. 多相复合材料理论模型

较第一类模型(半经验模型),多相复合材料理论模型具备更坚实的理论基础;较第二类模型(两相细观力学模型),多相复合材料模型无需假设基体和夹杂的特定构型;同时,多相复合材料理论模型即适用于软夹杂模型也适用于硬夹杂模型,因此该类模型是应用最为广泛的。Yaman 等(2002b)分别用 Christensen 模型(Christensen,1979)、Mori-Tanaka 模型(Benveniste,1987)和 Hashin 模型(Hashin,1962)预测了干燥与饱和混凝土的有效模量;张庆华等(2001)采用自洽方法计算混凝土的弹性模量;王海龙和李庆斌(2005)、白卫峰等(2010)采用 Mori – Tanaka 对湿态混凝土的弹性模量进行了预测。

Ramesh 等(1998)采用四相球模型研究了混凝土材料的宏观弹性性能,对比了二维与三维时混凝土单轴压缩反应的区别,并研究了不同骨料形式、不同粘结界面力学参数对混凝土应力分布及宏观弹模的影响;Li 等(1999)采用分步均匀化的思路预测混凝土的有效模量,其分析流程如下:首先对骨料和界面用三相球模型进行第一次等效,然后将新的等效体与砂浆再次进行等效,最终获得混凝土三相复合材料的有效体积模量;Wang 和 Li(2007)采用等效介质的思想,分两次预测非饱和混凝土的有效模量;林枫和 Meyer(2007)应用 Mori – Tanaka 模型描述水泥水化产物的弹性性质;赵吉坤和张子明(2007)通过对砂浆基体和界面进行均匀化处理获得等效基体,然后采用 Mori – Tanaka 方法对等效基体和骨料组成的两相材料进行均匀化处理,最后得到混凝土的等效模量。

综上所述,当前有关未修复混凝土细观力学模型研究较多,有关电化学沉积修复混凝土的细观力学模型研究几乎空白。

1.4 本书主要内容和创新点

1.4.1 目前研究存在的问题

(1) 在材料细观力学模型研究方面:确定性细观力学连接材料的细观结构和宏观性能,已得到较为广泛的发展和应用,而随机细观力学却是一门国际上近期被提出的、尚不成熟的学科,目前国内很少有人开展这一领域的研究。确定性细观力学模型采用体积平均值或者整体平均值来描述非均匀材料的(微)细观结构,这导致其不能合理反映同一产品不同位置、同批产品不同试件间的差异等问题。将(微)细观结构的随机描述引入到确定性细观力学模型中,可以从细观层次反应材料的差异性;同时,通过结合随机函数概率特征获取方法,可以从细观层次得到材料宏观性能的概率分布,为从细观层次认识材料宏观性能不确定性提供理论手段。

(2) 在电化学沉积修复混凝土试验方面:尽管国内外的学者已经对电化学沉积方法修复混凝土裂缝进行了很多有益的试验探索,也证明了电化学沉积修复方法可以提高混凝土的耐久性能和力学性能。但是,对于电化学沉积修复机理还缺乏宏微观试验手段相结合的系统性研究,很难为修复过程混凝土不同尺度的性能演化及其定量关联提供合理的物理基础和验证。

(3) 在电化学沉积修复混凝土细观力学模型方面:对于传统混凝土(未经过电化学沉积修复)而言,许多学者已经提出了不少细观力学模型用于预测材料的宏观性能;而对于电化学沉积修复混凝土而言,当前的研究几乎都停留在试验阶段,很少有理论模型对修复过程进行定量描述,对于修复过程混凝土微细观结构和宏观性能的定量关联缺乏细观力学模型。

1.4.2 主要内容

基于上述存在问题,笔者主要研究工作如下:

第2章提出了含球形夹杂的多相复合材料随机细观力学模型:首先,引入应变集中张量定义多相复合材料的有效模量,再通过近似求解该应变张量,获取确定性细观力学模型。然后,采用随机向量描述多相复合材料微细观结构,并提出了包含维数分解、牛顿插值和蒙特卡洛法在内的随机模拟方法以获取材料宏观性能的概率特征。算例显示:该随机细观力学模型是合理的,提出的模拟方法所得结果和直接采用蒙特卡洛法模拟的结果基本一致,但是该模拟方法可以大大减少求解细观力学方程的次数。最后,基于提出的随机细观力学模型,讨论了组分材料参数相关性对复合材料宏观性能概率特征的影响。模拟结果显示当组分材料的杨氏模量和泊松比存在负相关性时，复合材料拥有更高的有效模量。

第 3 章提出了基于最大熵的两相材料随机细观力学模型：首先，在第 2 章的基础上，求解了考虑夹杂间相互作用的应变集中张量，再采用随机向量描述两相材料微观结构。然后，通过随机变量的标准化处理以及蒙特卡洛模拟，获取了有效模量概率密度函数对应的约束条件。而后，基于最大熵原理获取材料宏观性能的概率密度函数。数值算例表明，本书提出的随机细观力学模型是合理的。

第 4 章为探索电化学沉积修复方法的修复机理和效果，采用多孔混凝土试件进行了一系列的宏微观试验：在宏观层次，进行了超声波检测、砂浆抗渗、单向受压、三点弯试验等；在微观层次：进行了阿基米德法测孔隙率、医学 CT、工业 CT、SEM 等试验。试验表明：① 修复过程多孔混凝土试件的平均超声波速呈上升趋势：从修复前 3 546 m/s 增加为修复 14 d 后的 3 617 m/s，直至修复 35 d 后的 3 656 m/s；阿基米德法测量结果显示修复过程试件的平均孔隙率呈下降趋势：从修复前 0.299 9 降为修复 14 d 后的 0.262 45，直至修复 35 d 后的 0.240 92；② 从医学 CT 和工业 CT 观察结果发现，多孔混凝土试件内部孔隙分布总体上是均匀的，同时电化学沉积产物沿着孔隙壁分布；SEM 结果显示电化学沉积产物结构密实，并且和混凝土基体粘结良好；③ 渗透试验表明，电化学沉积修复作用使砂浆试件的平均渗透时间从 33.6 min 提高到 88.75 min；单向受压试验表明，电化学沉积法对多孔混凝土试件的抗压强度影响不大；三点弯试验表明，电化学沉积法可以提高多孔混凝土的抗弯强度。

第 5 章建立了(非饱和)混凝土电化学修复过程的确定性细观力学描述框架：以第 4 章的试验研究为物理基础，基于非饱和混凝土的细观结构及修复机理，通过适当的假设，建立了包含四相组分(混凝土基体、水、电化学沉积产物、未被修复的孔隙)的复合材料模型；然后采用分步均匀化的思想对该复合材料模型的力学参数进行预测；通过考虑孔隙形状改变的影响，可将该模型推广到干燥情况下修复混凝土的力学参数预测。在未修复情况下，该模型可以很好地描述传统非饱和混凝土（未修复）的力学参数。进一步，若不考虑非饱和孔隙的影响，上述模型可以退化为饱和混凝土（修复和未修复）细观力学模型。

第 6 章建立了（饱和）混凝土电化学沉积修复的随机细观力学模型：在第 5 章基础上，为考虑修复过程不同试件间存在的差异性与随机性，采用非平稳随机过程对电化学沉积产物含量进行描述，采用随机向量对修复混凝土各相组分力学参数进行描述，从而建立了修复混凝土随机细观力学模型，给出了修复过程中混凝土有效力学参数的概率密度演化，为从微细观层次定量描述修复过程混凝土宏观性能的概率特征演化提供手段。

最后，第 7 章对全书进行了总结，并简要讨论了需要进一步研究的问题。以上各章关系如图 1－3 所示。

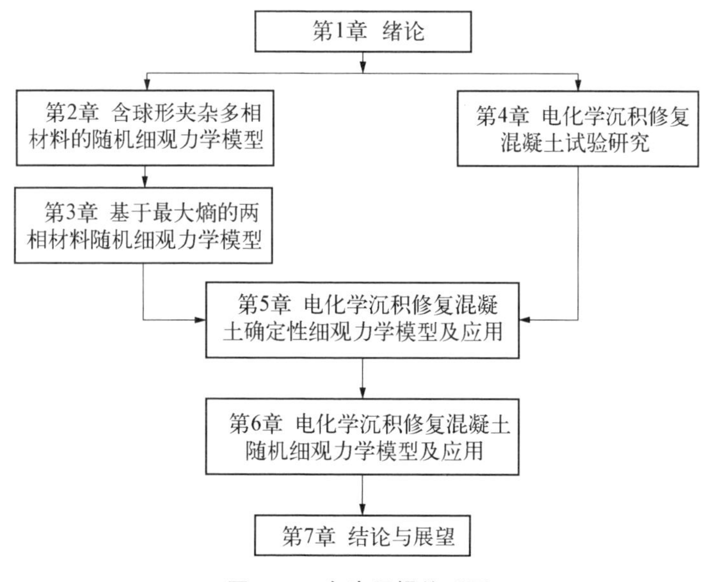

图 1－3　各章逻辑关系图

1.4.3 创新点

(1) 在材料细观力学模型方面：第一，首次提出含球形夹杂的多相材料随机细观力学模型，为从细观层次揭示多相材料宏观性能不确定提供理论手段，并探讨了各组分材料力学参数相关性对复合材料整体宏观性能概率特征的影响。详见本书第2章。第二，首次将最大熵原理应用于复合材料宏观性能的概率表征，提出了考虑夹杂间相互作用的两相材料随机细观力学模型。详见本书第3章。

(2) 在电化学沉积修复混凝土试验方面：采用多孔混凝土试件进行电化学沉积试验，首次系统地采用宏微观试验相结合的手段揭示电化学沉积修复的机理，同时，为本书电化学沉积修复混凝土细观力学模型的建立提供物理基础。详见本书第4章。

(3) 在电化学沉积修复混凝土细观力学模型方面：第一，基于材料细观结构特征，首次建立电化学沉积修复混凝土的确定性细观力学模型，该模型包含电化学沉积产物、水、孔隙和混凝土基体四相组分，并采用分步均匀化的方法获取电化学沉积修复混凝土的有效力学参数。所提模型可分别用于饱和与非饱和混凝土电化学沉积修复过程描述。详见本书第5章。第二，以所提电化学沉积修复混凝土确定性细观力学模型为基础，考虑修复过程不同试件间的差异性，首次引入非平稳随机过程对电化学沉积产物生长进行描述，建立了电化学修复混凝土的随机细观力学模型，给出了修复过程混凝土宏观性能的概率密度演化。详见本书第6章。

第2章 含球形夹杂多相材料的随机细观力学模型

在前人研究基础上，本章从多相材料微细观结构出发，提出了含球形夹杂多相材料的随机细观力学模型。第一，引入应变集中张量定义多相材料的有效模量，接着，通过近似求解该应变张量，形成本章的确定性细观力学模型。第二，采用随机向量描述多相材料微细观结构特征，并提出了包含维数分解、牛顿插值和蒙特卡洛法在内的随机模拟方法以获取材料宏观性能的概率特征。算例显示，本章提出的确定性和随机性细观力学模型是合理的；同时，本章模拟方法所得结果和直接采用蒙特卡洛法模拟的结果基本一致，但所提模拟方法可以大大减少求解细观力学方程的次数。第三，基于本章提出的随机细观力学模型，讨论了组分材料参数相关性对复合材料宏观性能概率特征的影响。模拟结果显示当组分材料的杨氏模量和泊松比存在负相关性时，复合材料拥有更高的有效模量。

2.1 工程材料特点与表征手段

2.1.1 工程材料的特点与表征手段

工程材料的特点：① 不均匀性：在微细观尺度，大部分的工程材料如混凝土、岩石等都为非均匀材料，都由不同的相（如混凝土可看成骨料相、界面相和砂浆相）组成。不同相之间，材料的形状、空间位置和物理力学性能等都不相同。为了定量描述工程材料不同组分（相）的数量、形状和空间位置等，学者提出一系列的描述指标，如体积含量、形状、尺寸、方向、多点（包含两点）相关函数等（Torquato，2001）。② 多尺度性：在宏观尺度看起来均匀的材料（如混凝土），其在微细观尺度却是不均匀的多相材料。为了减少计算量，同时，又能把握影响关心尺度材料性能的主要因素，在细观力学框架下，是采用代表性体积单元的方法进行描述。③ 随机性：由于自然条件、生产、制造等因素，按照同样工艺条件生产的样品，其微观结构和宏观性能都呈现出差异性，加上原材料本身存在的差异性，工程材料的整体性能往往呈现出随机性。为了刻画工程材料细观结构的随机性，常借助随机变量、随机场或者随机过程等数学手段。对工程材料的细观结构进行随机描述，是随机细观力学模型的重要特征。

2.1.2 随机变量、随机过程和随机场

对于随机变量，通常采用概率密度函数或者累计分布函数对其进行精确描述；当问题的背景较为复杂时，采用均值和方差等其他数字特征进行描述。数字特征和概率密度函数可以通过统计的方法获取。由多个随机变量组成的向量，称为随机向量。随机向量需要采用联合分布密度函数进行全面描述。如果只关注随机向量中的某个随机变量时，可用该变量的边缘分布进行描述。同理，在较难获取联合分布密度函数时，用随机向量的数字特征进行粗略描述，其中包括随机向量的均值、方差等。考虑随机向量中变量之间的相关程度时，采用协方差矩阵、相关系数等进行描述。

随机过程是定义在一个参数集上的一族随机变量系，其参数集是时间。随机过程的概率结构用有限维分布族表示。鉴于有限维分布族的复杂性，目前随机过程的研究与应用局限于：① 通过一维或者二维分布函数

描述实际物理过程。② 通过数字特征(如均值函数和方差函数)描述随机过程的概率特征(李杰,1996)。如果随机过程的均值函数为常数,且自相关函数仅是时间间隔的函数,则称其为宽平稳随机过程,简称平稳过程;否则,称为非平稳随机过程。随机场是随机过程概念在空间域(场域)上的推广。所不同的是,对于随机场,其基本参数变量为空间变量。

2.2　含球形夹杂多相材料的确定性细观力学框架

2.2.1　有效模量与应变集中张量

定义体积平均应力和应变张量如下:

$$\bar{\boldsymbol{\sigma}} \equiv \frac{1}{V}\int_{V}\boldsymbol{\sigma}(\boldsymbol{x})\mathrm{d}\boldsymbol{x} = \frac{1}{V}\left[\int_{V_{\mathrm{m}}}\boldsymbol{\sigma}(\boldsymbol{x})\mathrm{d}\boldsymbol{x} + \sum_{r=1}^{n}\int_{V_r}\boldsymbol{\sigma}(\boldsymbol{x})\mathrm{d}\boldsymbol{x}\right] \tag{2-1}$$

$$\bar{\boldsymbol{\varepsilon}} \equiv \frac{1}{V}\int_{V}\boldsymbol{\varepsilon}(\boldsymbol{x})\mathrm{d}\boldsymbol{x} = \frac{1}{V}\left[\int_{V_{\mathrm{m}}}\boldsymbol{\varepsilon}(\boldsymbol{x})\mathrm{d}\boldsymbol{x} + \sum_{r=1}^{n}\int_{V_r}\boldsymbol{\varepsilon}(\boldsymbol{x})\mathrm{d}\boldsymbol{x}\right] \tag{2-2}$$

式中,V 是代表性体积单元的体积;V_{m}是代表性体积单元中基体的体积;V_r 是代表性体积单元中第 r 相夹杂的体积;n 表示夹杂的总相数(不包含基体相)。基于此,可以定义复合材料有效弹性刚度张量 $\boldsymbol{C}_*$ 如下:

$$\bar{\boldsymbol{\sigma}} = \boldsymbol{C}_* : \bar{\boldsymbol{\varepsilon}} \tag{2-3}$$

进一步,定义基体相和夹杂相的平均应变如下:

$$\bar{\boldsymbol{\varepsilon}}_0 = \frac{1}{V_{\mathrm{m}}}\int_{V_{\mathrm{m}}}\boldsymbol{\varepsilon}(\boldsymbol{x})\mathrm{d}\boldsymbol{x},\quad \bar{\boldsymbol{\varepsilon}}_r = \frac{1}{V_r}\int_{V_r}\boldsymbol{\varepsilon}(\boldsymbol{x})\mathrm{d}\boldsymbol{x} \tag{2-4}$$

与之类似,有基体相和夹杂相的平均应力如下:

$$\bar{\boldsymbol{\sigma}}_0 = \frac{1}{V_{\mathrm{m}}}\int_{V_{\mathrm{m}}}\boldsymbol{\sigma}(\boldsymbol{x})\mathrm{d}\boldsymbol{x},\quad \bar{\boldsymbol{\sigma}}_r = \frac{1}{V_r}\int_{V_r}\boldsymbol{\sigma}(\boldsymbol{x})\mathrm{d}\boldsymbol{x} \tag{2-5}$$

假设各相材料性质符合胡克定律，那么有

$$\bar{\boldsymbol{\sigma}}_0 = \boldsymbol{C}_0 : \bar{\boldsymbol{\varepsilon}}_0, \quad \bar{\boldsymbol{\sigma}}_r = \boldsymbol{C}_r : \bar{\boldsymbol{\varepsilon}}_r \tag{2-6}$$

式中，$\boldsymbol{C}_0$ 为基体相的弹性刚度张量；$\boldsymbol{C}_r$ 为第 r 相夹杂的弹性刚度张量。

定义第 r 相夹杂的应变集中张量 $\boldsymbol{B}_r$（Qu 和 Cherkaoui，2006）如下：

$$\bar{\boldsymbol{\varepsilon}}_r = \boldsymbol{B}_r : \bar{\boldsymbol{\varepsilon}} \tag{2-7}$$

基于以上定义，可以获得如下等式：

$$\phi_0 \bar{\boldsymbol{\varepsilon}}_0 = \bar{\boldsymbol{\varepsilon}} - \sum_{r=1}^{n} \phi_r \bar{\boldsymbol{\varepsilon}}_r = \bar{\boldsymbol{\varepsilon}} - \sum_{r=1}^{n} \phi_r \boldsymbol{B}_r : \bar{\boldsymbol{\varepsilon}} \tag{2-8}$$

$$\bar{\boldsymbol{\sigma}} = \sum_{r=0}^{n} \phi_r \bar{\boldsymbol{\sigma}}_r = \phi_0 \boldsymbol{C}_0 : \bar{\boldsymbol{\varepsilon}}_0 + \sum_{r=1}^{n} \phi_r \boldsymbol{C}_r : \bar{\boldsymbol{\varepsilon}}_r \tag{2-9}$$

$$\bar{\boldsymbol{\sigma}} = \sum_{r=0}^{n} \phi_r \bar{\boldsymbol{\sigma}}_r = \left[\boldsymbol{C}_0 + \sum_{r=1}^{n} \phi_r (\boldsymbol{C}_r - \boldsymbol{C}_0) : \boldsymbol{B}_r\right] : \bar{\boldsymbol{\varepsilon}} \tag{2-10}$$

由此，便可得到多相材料的有效弹性刚度张量如下：

$$\boldsymbol{C}_* = \left[\boldsymbol{C}_0 + \sum_{r=1}^{n} \phi_r (\boldsymbol{C}_r - \boldsymbol{C}_0) : \boldsymbol{B}_r\right] \tag{2-11}$$

式中，ϕ_r 是第 r 相夹杂的体积含量。不难看出，如果知道多相材料各个组分（包括基体和夹杂）的体积含量、弹性刚度张量以及对应的应变集中张量，那么便可以计算复合材料的有效弹性刚度张量。通常情况下，假设各个组分的性质和体积含量是已知的，而对于不同夹杂对应的应变集中张量，要获取其精确解，一般较难做到。

2.2.2 应变集中张量的一种近似解法

如果用基体相材料代替相应的夹杂相，则由夹杂相产生的扰动应变场 $\boldsymbol{\varepsilon}'(\boldsymbol{x})$ 与某一本征应变 $\boldsymbol{\varepsilon}^*(\boldsymbol{x})$ 相关，本征应变在基体处为零。对于第 r 相夹杂而言，其表达式如下（Eshelby，1957；Eshelby，1961）：

$$\boldsymbol{C}_r : [\boldsymbol{\varepsilon}^0 + \boldsymbol{\varepsilon}'(\boldsymbol{x})] = \boldsymbol{C}_0 : [\boldsymbol{\varepsilon}^0 + \boldsymbol{\varepsilon}'(\boldsymbol{x}) - \boldsymbol{\varepsilon}^*(\boldsymbol{x})] \tag{2-12}$$

$$\boldsymbol{\varepsilon}'(\boldsymbol{x}) = \int_V \boldsymbol{G}(\boldsymbol{x} - \boldsymbol{x}') : \boldsymbol{\varepsilon}^*(\boldsymbol{x}')\mathrm{d}\boldsymbol{x}' \tag{2-13}$$

式中，$\boldsymbol{x}, \boldsymbol{x}' \in V$，$\boldsymbol{\varepsilon}^0$ 为均匀基体相材料（无夹杂）在远场荷载作用下所产生的均匀应变；$\boldsymbol{G}$ 是线弹性均匀基体中的格林函数，对于线弹性、各向同性材料而言，其各分量如下表达式：

$$\begin{aligned} G_{ijkl} = & \frac{1}{8\pi(1-\nu_0)r^3}[(1-2\nu_0)(\delta_{ik}\delta_{jl} + \delta_{il}\delta_{jk} - \delta_{ij}\delta_{kl}) + \\ & 3\nu_0(\delta_{ik}n_j n_l + \delta_{il}n_j n_k + \delta_{jk}n_i n_l + \delta_{jl}n_i n_k) + \\ & 3\delta_{ij}n_k n_l + 3(1-2\nu_0)\delta_{kl}n_i n_j - 15 n_i n_j n_k n_l] \end{aligned} \tag{2-14}$$

式中，$\boldsymbol{r} = \boldsymbol{x} - \boldsymbol{x}'$，$r = \| \boldsymbol{x} - \boldsymbol{x}' \|$，$\boldsymbol{n} = \boldsymbol{r}/r$。$\delta_{ij}$ 是克罗内克符号，ν_0 是均匀基体的泊松比。

根据式(2-12)和式(2-13)，对于 $\boldsymbol{x} \in V$，有

$$-\boldsymbol{A}_r : \boldsymbol{\varepsilon}^*(\boldsymbol{x}) = \boldsymbol{\varepsilon}^0 + \int_V \boldsymbol{G}(\boldsymbol{x} - \boldsymbol{x}') : \boldsymbol{\varepsilon}^*(\boldsymbol{x}')\mathrm{d}\boldsymbol{x}' \tag{2-15}$$

式中

$$\boldsymbol{A}_r \equiv (\boldsymbol{C}_r - \boldsymbol{C}_0)^{-1} : \boldsymbol{C}_0 \tag{2-16}$$

对式(2-15)进行体积平均化，可得：

$$-\boldsymbol{A}_r : \bar{\boldsymbol{\varepsilon}}_r^* = \boldsymbol{\varepsilon}^0 + \bar{\boldsymbol{\varepsilon}}'_r \tag{2-17}$$

式中

$$\bar{\boldsymbol{\varepsilon}}_r^* = \frac{1}{V_r}\int_{V_r} \boldsymbol{\varepsilon}^*(\boldsymbol{x})\mathrm{d}\boldsymbol{x} \tag{2-18}$$

$$\bar{\boldsymbol{\varepsilon}}'_r = \frac{1}{V_r}\int_{V_r}\int_V \boldsymbol{G}(\boldsymbol{x} - \boldsymbol{x}') : \boldsymbol{\varepsilon}^*(\boldsymbol{x}')\mathrm{d}\boldsymbol{x}'\mathrm{d}\boldsymbol{x} \tag{2-19}$$

根据 Ju 和 Chen(1994a)的研究，当忽略夹杂间的相互作用时，可将平均的扰动应变简化如下：

$$\bar{\boldsymbol{\varepsilon}}'_r = \frac{1}{V_r}\sum_{i=1}^{N_r}\int_{\Omega_r^i}\left[\int_{\Omega_r^i}\boldsymbol{G}(\boldsymbol{x}-\boldsymbol{x}')\mathrm{d}\boldsymbol{x}\right]:\boldsymbol{\varepsilon}^*(\boldsymbol{x}')\mathrm{d}\boldsymbol{x}' \tag{2-20}$$

$$V_r = \sum_{i=1}^{N_r}\Omega_r^i \tag{2-21}$$

式中，Ω_r^i 是 r 相夹杂中第 i 个颗粒的体积；V_r 是 r 相夹杂的体积；N_r 是 r 相夹杂中颗粒总数。

进一步，定义

$$\boldsymbol{S}_r^i \equiv \int_{\Omega_r^i}\boldsymbol{G}(\boldsymbol{x}-\boldsymbol{x}')\mathrm{d}\boldsymbol{x}, \quad \boldsymbol{x},\ \boldsymbol{x}' \in \Omega_r^i \tag{2-22}$$

为 r 相夹杂中第 i 个颗粒的 Eshelby 张量。由于本章讨论的是球状夹杂，那么，所有的 $\boldsymbol{S}_r^i$ 相等。为此，文章后面用 $\boldsymbol{S}$ 代替 $\boldsymbol{S}_r^i$，该张量的分量可写成如下形式(Mura，1987)：

$$S_{ijkl} = \frac{1}{15(1-\nu_0)}[(5\nu_0-1)\delta_{ij}\delta_{kl}+(4-5\nu_0)(\delta_{ik}\delta_{jl}+\delta_{il}\delta_{jk})] \tag{2-23}$$

由此，式(2-20)可以改写成如下形式：

$$\bar{\boldsymbol{\varepsilon}}'_r = \boldsymbol{S}:\frac{1}{V_r}\int_{V_r}\boldsymbol{\varepsilon}^*(\boldsymbol{x}')\mathrm{d}\boldsymbol{x}' = \boldsymbol{S}:\bar{\boldsymbol{\varepsilon}}_r^* \tag{2-24}$$

进一步，总的应变场 $\boldsymbol{\varepsilon}(\boldsymbol{x})$ 可以表达成如下形式：

$$\boldsymbol{\varepsilon}(\boldsymbol{x}) = \boldsymbol{\varepsilon}^0 + \boldsymbol{\varepsilon}'(\boldsymbol{x}) = \boldsymbol{\varepsilon}^0 + \int_V \boldsymbol{G}(\boldsymbol{x}-\boldsymbol{x}'):\boldsymbol{\varepsilon}^*(\boldsymbol{x}')\mathrm{d}\boldsymbol{x}' \tag{2-25}$$

那么，经过体积平均化后，有

$$\begin{aligned}\bar{\boldsymbol{\varepsilon}} &= \boldsymbol{\varepsilon}^0 + \frac{1}{V}\int_V\int_V \boldsymbol{G}(\boldsymbol{x}-\boldsymbol{x}') : \boldsymbol{\varepsilon}^*(\boldsymbol{x}')\mathrm{d}\boldsymbol{x}'\mathrm{d}\boldsymbol{x} \\ &= \boldsymbol{\varepsilon}^0 + \frac{1}{V}\int_V\left[\int_V \mathbf{G}(\boldsymbol{x}-\boldsymbol{x}')\mathrm{d}\boldsymbol{x}\right] : \boldsymbol{\varepsilon}^*(\boldsymbol{x}')\mathrm{d}\boldsymbol{x}' \end{aligned} \tag{2-26}$$

对于球形夹杂，根据 Ju 和 Chen(1994a)，可将该平均应变张量表示为：

$$\begin{aligned}\bar{\boldsymbol{\varepsilon}} &= \boldsymbol{\varepsilon}^0 + \frac{1}{V}\int_V\left[\int_V \boldsymbol{G}(\boldsymbol{x}-\boldsymbol{x}')\mathrm{d}\boldsymbol{x}\right] : \boldsymbol{\varepsilon}^*(\boldsymbol{x}')\mathrm{d}\boldsymbol{x}' \\ &= \boldsymbol{\varepsilon}^0 + \boldsymbol{S} : \left[\sum_{r=1}^{n}\phi_r \bar{\boldsymbol{\varepsilon}}_r^*\right] \end{aligned} \tag{2-27}$$

根据式(2－17)、式(2－24)和式(2－27)，有

$$\begin{aligned}\bar{\boldsymbol{\varepsilon}} &= \left[-\boldsymbol{A}_r - \boldsymbol{S} + \sum_{r=1}^{n}\phi_r\boldsymbol{S}\right] : \bar{\boldsymbol{\varepsilon}}_r^* \\ &= \left[-\boldsymbol{A}_r - \boldsymbol{S} + \sum_{r=1}^{n}\phi_r\boldsymbol{S}\right] : \left[(-\boldsymbol{A}_r)^{-1} : \bar{\boldsymbol{\varepsilon}}_r\right] \\ &= (\boldsymbol{I}-\boldsymbol{SH})(\boldsymbol{A}_r+\boldsymbol{S})\boldsymbol{A}_r : \bar{\boldsymbol{\varepsilon}}_r \end{aligned} \tag{2-28}$$

其中

$$\boldsymbol{H} = \sum_{r=1}^{n}\phi_r(\boldsymbol{A}_r+\boldsymbol{S})^{-1} \tag{2-29}$$

因此，可以得到第 r 相夹杂的应变集中张量 $\boldsymbol{B}_r$ 如下：

$$\boldsymbol{B}_r = [(\boldsymbol{I}-\boldsymbol{SH})(\boldsymbol{A}_r+\boldsymbol{S})\boldsymbol{A}_r]^{-1} \tag{2-30}$$

所以，可以得到有效刚度张量

$$\begin{aligned}\boldsymbol{C}_* &= \left[\boldsymbol{C}_0 + \sum_{r=1}^{n}\phi_r(\boldsymbol{C}_r-\boldsymbol{C}_0) : \boldsymbol{B}_r\right] \\ &= \boldsymbol{C}_0[\boldsymbol{I}+\boldsymbol{H}(\boldsymbol{I}-\boldsymbol{SH})^{-1}] \end{aligned} \tag{2-31}$$

由于以上求解过程忽略了夹杂颗粒间的相互作用，也就是说要求颗粒间的距离(相对夹杂自身尺寸)足够大，也就是要求夹杂含量相对较低。

2.2.3 若干实例

定义 K^*，μ^* 和 E^* 为多相复合材料的有效体积模量，剪切模量和杨氏模量。当只有一种夹杂时，本书模型估计结果如下：

$$K^* = K_0\left\{1+\frac{3(1-\nu_0)(K_1-K_0)\phi_1}{3(1-\nu_0)K_0+(1-\phi_1)(1+\nu_0)(K_1-K_0)}\right\} \tag{2-32}$$

$$\mu^* = \mu_0\left\{1+\frac{15(1-\nu_0)(\mu_1-\mu_0)\phi_1}{15(1-\nu_0)\mu_0+(1-\phi_1)(8-10\nu_0)(\mu_1-\mu_0)}\right\} \tag{2-33}$$

式中，K_0，μ_0，ν_0 是基体的体积模量，剪切模量和泊松比；K_1，μ_1 是夹杂的体积模量和剪切模量；ϕ_1 是夹杂的体积含量。如果夹杂相为微空洞，那么以上两式可简化为：

$$K^* = K_0\left\{1-\frac{3(1-\nu_0)\phi_1}{3(1-\nu_0)-(1-\phi_1)(1+\nu_0)}\right\} \tag{2-34}$$

$$\mu^* = \mu_0\left\{1-\frac{15(1-\nu_0)\phi_1}{15(1-\nu_0)\mu_0-(1-\phi_1)(8-10\nu_0)}\right\} \tag{2-35}$$

当有两相夹杂时，由本书模型可得：

$$K^* = K_0\left\{1+H_K\cdot\frac{1}{1-3\lambda_0 H_K}\right\} \tag{2-36}$$

$$\mu^* = \mu_0\left\{1+H_\mu\frac{1}{1-2\delta_0 H_\mu}\right\} \tag{2-37}$$

其中

$$H_K = \frac{\phi_1}{\dfrac{K_0}{K_1 - K_0} + 3\lambda_0} + \frac{\phi_2}{\dfrac{K_0}{K_2 - K_0} + 3\lambda_0} \tag{2-38}$$

$$H_\mu = \frac{\phi_1}{\dfrac{\mu_0}{\mu_1 - \mu_0} + 2\delta_0} + \frac{\phi_2}{\dfrac{\mu_0}{\mu_2 - \mu_0} + 2\delta_0} \tag{2-39}$$

$$\lambda_0 = \frac{1 + \nu_0}{9(1 - \nu_0)} \tag{2-40}$$

$$\delta_0 = \frac{4 - 5\nu_0}{15(1 - \nu_0)} \tag{2-41}$$

如果有 M 相夹杂,那么需要将式(2-38)和式(2-39)改为以下形式:

$$H_K = \frac{\phi_1}{\dfrac{K_0}{K_1 - K_0} + 3\lambda_0} + \cdots + \frac{\phi_i}{\dfrac{K_0}{K_i - K_0} + 3\lambda_0} + \cdots + \frac{\phi_M}{\dfrac{K_0}{K_M - K_0} + 3\lambda_0} \tag{2-42}$$

$$H_\mu = \frac{\phi_1}{\dfrac{\mu_0}{\mu_1 - \mu_0} + 2\delta_0} + \cdots + \frac{\phi_i}{\dfrac{\mu_0}{\mu_i - \mu_0} + 2\delta_0} + \cdots + \frac{\phi_M}{\dfrac{\mu_0}{\mu_M - \mu_0} + 2\delta_0} \tag{2-43}$$

式中,ϕ_i, K_i, μ_i, ν_i表示第 i 相夹杂的体积含量、体积模量、剪切模量、泊松比。于是,多相材料的有效杨氏模量可表示为:

$$E^* = \frac{9K^*\mu^*}{3K^* + \mu^*} \tag{2-44}$$

2.3 含球形夹杂多相材料的随机细观力学框架

2.3.1 微结构的随机描述

设($\boldsymbol{\Omega}$, $\boldsymbol{\xi}$, P)是一概率空间,其中,$\boldsymbol{\Omega}$ 是样本空间,$\boldsymbol{\xi}$ 是样本空间的子集,P 是概率或者概率测度;$\boldsymbol{R}^N$ 是 N 维实向量空间。设 ϕ_0, E_0, ν_0 代表基体的体积含量、杨氏模量和泊松比。本节采用随机变量对材料微结构进行描述。设当前讨论的复合材料为 M 相材料,即含 $M-1$ 相夹杂;那么有 $\phi^0 = 1-\sum_{r=1}^{M-1}\phi^r$,也就是说复合材料所有组分(包括基体和夹杂)的体积含量并不独立。即对于 M 相复合材料而言,描述体积含量的随机向量为 $M-1$ 维。另外,为了描述材料组分力学性能的随机性,引入随机向量 $\{E_0, E_1, \cdots, E_{M-2}, E_{M-1}, \nu_0, \nu_1, \cdots, \nu_{M-2}, \nu_{M-1}\}^T \in \boldsymbol{R}^{2M}$;那么,根据本章提出的含球形夹杂复合材料的确定性细观力学框架,随机向量 $\{E_0, E_1, \cdots, E_{M-2}, E_{M-1}, \nu_0, \nu_1, \cdots, \nu_{M-2}, \nu_{M-1}, \phi_1, \phi_2, \cdots, \phi_{M-2}, \phi_{M-1}\}^T \in \boldsymbol{R}^{3M-1}$ 包含了 M 相复合材料宏观性能不确定性的所有来源。各个组分力学参数和含量(随机变量)的概率密度函数由试验获取或者通过假设确定(Rahman 和 Chakraborty,2007)。基于此,确定 M 相复合材料宏观性能的概率特征就是要获取一个多随机变量函数的概率特征。为了减少含多随机变量细观力学方程的求解次数,类似 Rahman 和 Chakraborty(2007)的思路,文章引入一种新的随机模拟框架,该框架包含了维数分解法(Xu 和 Rahman,2005)、牛顿差值法和蒙特卡洛模拟。

2.3.2 一种多随机变量函数的随机模拟方法

1. 维数分解法

对于一个连续可微的多随机变量函数 $y(\boldsymbol{r})$,其中,$\boldsymbol{r}=\{r_1, \cdots, r_n\}^{\mathrm{T}} \in$

$\boldsymbol{R}^N$，是 N 维随机向量。根据 Xu 和 Rahman (2005)的研究，$y(\boldsymbol{r})$可近似表示成 N 个单随机变量函数 $y(c_1, \cdots, c_{i-1}, r_i, c_{i+1}, \cdots, c_N)$ 的组合，形式如下：

$$\tilde{y}_1(\boldsymbol{r}) = -(N-1)y(\boldsymbol{c}) + \sum_{i=1}^{N} y(c_1, \cdots, c_{i-1}, r_i, c_{i+1}, \cdots, c_N) \tag{2-45}$$

式中，$\boldsymbol{c} = \{c_1, \cdots, c_n\}^{\mathrm{T}}$ 是一参考点，一般可由各个随机变量的均值组成(Xu 和 Rahman，2005；Rahman 和 Chakraborty，2007)，$\tilde{y}_1(\boldsymbol{r})$是函数 $y(\boldsymbol{r})$ 的一阶近似表达式，该表达式精度高于该随机函数泰勒展开的一阶近似(Rahman 和 Chakraborty，2007)。

2. 牛顿插值

从式(2-45)中不难看出，如要获得随机向量函数的近似值需要求解 N 个单随机变量函数 $y(r_i) = y(c_1, \cdots, c_{i-1}, r_i, c_{i+1}, \cdots, c_N)$。为了获取任意 r_i对应的 $y(r_i)$值，本书采用牛顿插值法。具体而言，对于一组样本点 $r_i = r_i^{(j)}$，$j = 0, 1, \cdots, n$，通过求解微观力学方程，可以获取 $n+1$ 个不同 $y(r_i) = y(c_1, \cdots, c_{i-1}, r_i, c_{i+1}, \cdots, c_N)$ 值，那么，依据牛顿插值，对于任意 r_i对应的 $y(r_i)$值可由以下表达式得到：

$$y(r_i) = \sum_{j=0}^{n} a_j p_j(r_i) \tag{2-46}$$

其中

$$a_j = [y(r_i^0), \cdots, y(r_i^j)] = \sum_{m=0}^{j} \frac{y(r_i^m)}{\prod_{k\in\{0, 1, \cdots, j\}\backslash\{m\}} (r_i^m - r_i^k)}, \quad j > 0 \text{ 且 } a_0 = y(r_i^0) \tag{2-47}$$

$$p_j(r_i) = \prod_{k=0}^{j-1} (r_i - r_i^k), \quad j > 0 \text{ 且 } p_0(r_i) = 1 \tag{2-48}$$

式中，$[y(r_i^0),\cdots,y(r_i^j)]$ 为差商符号。

例如，当只有一个样本点的时候，即 $n=0$，那么 $y(r_i)=y(r_i^0)$；当 $n=1$ 时，可用线性插值获取 $y(r_i)$，即 $y(r_i)=y(r_i^0)+[(y(r_i^0)-y(r_i^1))/(r_i^0-r_i^1)](r_i-r_i^0)$。同理，可以得到其他更高阶的插值函数。由此，随机向量函数的近似表达式，可改写如下：

$$\tilde{y}_1(\boldsymbol{R})=-(N-1)y(\boldsymbol{c})+\sum_{i=1}^{N}\sum_{j=0}^{n}a_j p_j(R_i) \tag{2-49}$$

本书选用牛顿插值而非拉格朗日插值(Rahman 和 Chakraborty，2007)的原因如下：在进行模拟时，无法事先确定样本点个数 n 的值，因此需要进行试探对比，这意味着要进行多次试算，拉格朗日插值法的计算过程没有继承性，即增加一个节点时插值计算工作须重新开始；而牛顿插值则可避免这一问题。

3. Monte Carlo(蒙特卡洛)模拟

从以上叙述可知，基于本书模型获取含球形夹杂的 M 相复合材料的有效模量特征，在数学上，就是要求解一个 $3M-1$ 维随机向量函数的概率特征。依据式(2-49)，获取相应的差商值 $[y(r_i^0),\cdots,y(r_i^j)]$ 和参考点值 $y(\boldsymbol{c})$后，对其进行蒙特卡洛模拟，可获得 M 相材料有效模量的概率特征。如有效模量的 L 阶矩，可由以下公式获取：

$$E[y^l(\boldsymbol{R})]=\lim_{M\to\infty}\left[\frac{1}{M}\sum_{m=1}^{M}\tilde{y}_1^l(\boldsymbol{r}_m)\right] \tag{2-50}$$

式中，$\boldsymbol{r}_m$是 $\boldsymbol{R}$ 的第 m 个样本，M 是样本数量。当 $l=1$，$l=2$ 时，可以得到有效模量的均值和二阶矩；通过直方图处理可以得到有效模量的概率密度函数。对比直接采用蒙特卡洛模拟，本章所提随机模拟的框架可以降低求解微观力学方程的次数[共计$(n+1)N+1$ 次]。当求解有效模量计算量较大时(如自洽法，或者有限元法、无网格法等其他数值方法)，该随机模拟方法的优势更为明显(Rahman 和 Chakraborty,2007)。

2.4　数值模拟和讨论

为了验证本章模型的合理性,除了将所提模型预测结果和试验对比外,还将其与 Voigt 上界和 Reuss 下界进行比较。所谓 Voigt 上界和 Reuss 下界实质上是对复合材料各个组分进行了并联和串联的假设,其结果如下(Qu 和 Cherkaoui,2006):

$$\boldsymbol{D}^R \leqslant \bar{\boldsymbol{D}} \leqslant \boldsymbol{D}^V,\ \boldsymbol{D}^V = \sum_{r=0}^{M} \phi_r \boldsymbol{D}_r,$$

$$\boldsymbol{D}^R = \left[\sum_{r=0}^{M} \phi_r \boldsymbol{M}_r\right]^{-1} \tag{2-51}$$

式中,$\boldsymbol{D}^V$和$\boldsymbol{D}^R$是复合材料刚度张量的 Voigt 上界和 Reuss 下界;$\bar{\boldsymbol{D}}$是复合材料的有效刚度张量;$\boldsymbol{D}_r$和$\boldsymbol{M}_r$是第 r 相夹杂的刚度和柔度张量;ϕ_r是第 r 相夹杂的体积含量。设 K^V和K^R(μ^V和μ^R,E^V和E^R)表示复合材料体积模量(剪切模量、杨氏模量)的 Voigt 上界和 Reuss 下界,对于两相材料而言,有

$$K^R = \left[\frac{\phi_0}{K_0} + \frac{\phi_1}{K_1}\right]^{-1},\quad K^V = \phi_0 K_0 + \phi_1 K_1 \tag{2-52}$$

$$\mu^R = \left[\frac{\phi_0}{\mu_0} + \frac{\phi_1}{\mu_1}\right]^{-1},\quad \mu^V = \phi_0 \mu_0 + \phi_1 \mu_1 \tag{2-53}$$

$$E^R = \left[\frac{\phi_0}{E_0} + \frac{\phi_1}{E_1}\right]^{-1},\quad E^V = \phi_0 E_0 + \phi_1 E_1 \tag{2-54}$$

对于三相材料而言,该上下界表示如下:

$$K^R=\left[\frac{\phi_0}{K_0}+\frac{\phi_1}{K_1}+\frac{\phi_2}{K_2}\right]^{-1},\quad K^V=\phi_0 K_0+\phi_1 K_1+\phi_2 K_2 \tag{2-55}$$

$$\mu^R=\left[\frac{\phi_0}{\mu_0}+\frac{\phi_1}{\mu_1}+\frac{\phi_2}{\mu_2}\right]^{-1},\quad \mu^V=\phi_0\mu_0+\phi_1\mu_1+\phi_2\mu_2 \tag{2-56}$$

$$E^R=\left[\frac{\phi_0}{E_0}+\frac{\phi_1}{E_1}+\frac{\phi_2}{E_2}\right]^{-1},\quad E^V=\phi_0 E_0+\phi_1 E_1+\phi_2 E_2 \tag{2-57}$$

2.4.1 确定性模型的验证

试验数据取自文献(Cohen 和 Ishai，1967)，总共包含三种材料：① 多孔基体(由环氧基体和微孔洞组成)；② 无孔复合材料(由环氧基体相和二氧化硅颗粒相组成)；③ 多孔复合材料(由环氧基体相、二氧化硅颗粒相和微孔洞组成)。

根据式(2-34)、式(2-35)和式(2-44)，可获得多孔基体的有效力学参数。图 2-1 表示不同方法预测的多孔基体的杨氏模量和试验数据对比

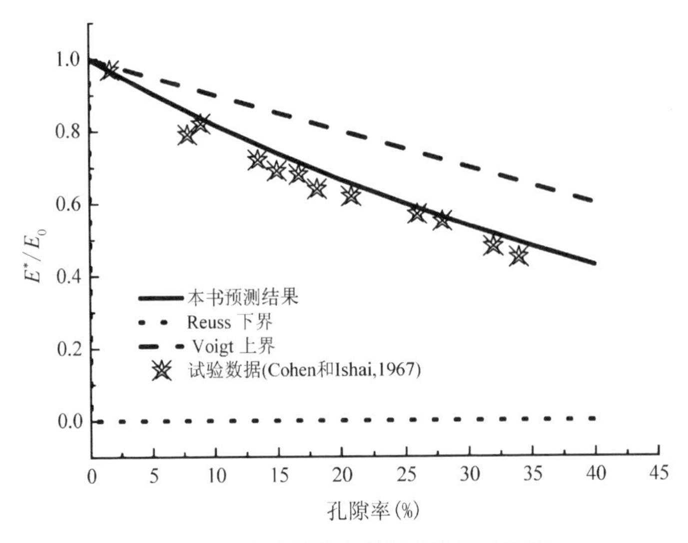

图 2-1 多孔基体有效杨氏模量对比图

情况。图中直线分别表示 Voigt 上限、本章预测结果和 Reuss 下限；散点表示试验数据。从图 2－1 中可以看出，本章预测的多孔基体的杨氏模量和试验结果较为接近，同时，本章预测的多孔基体的杨氏模量位于 Voigt 上限和 Reuss 下限之间。图 2－2 和图 2－3 表示采用不同方法预测的多孔基体的

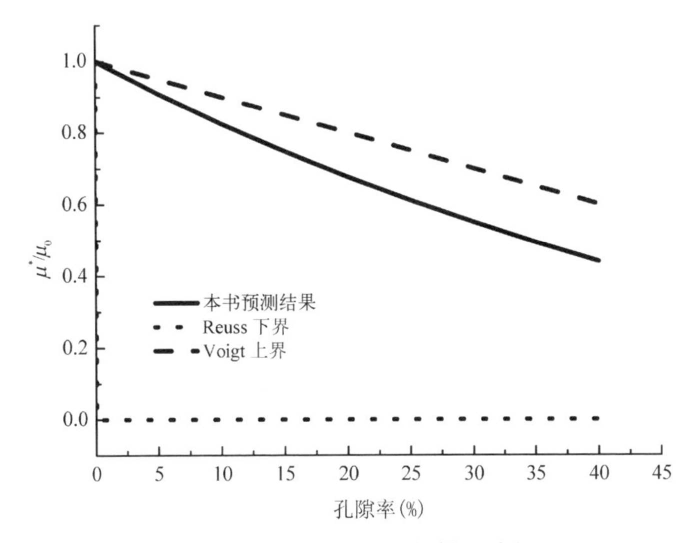

图 2－2　多孔基体有效剪切模量对比图

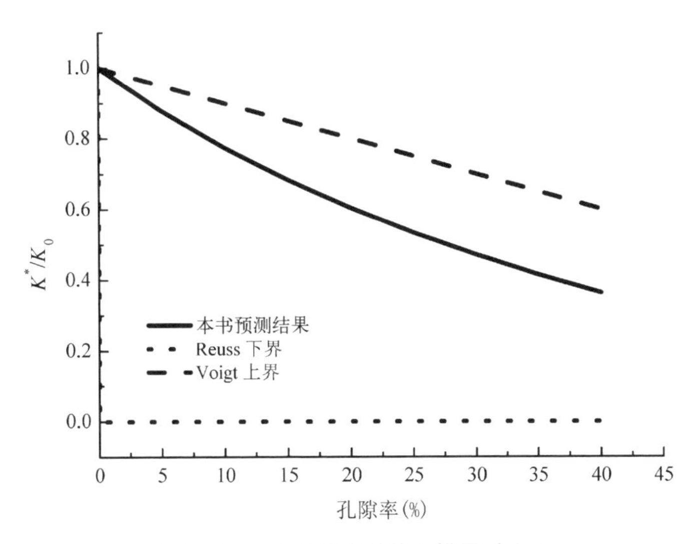

图 2－3　多孔基体有效体积模量对比图

剪切模量和体积模量对比情况，从中可以看出，本章预测的多孔基体的剪切模量或者体积模量介于相应的 Voigt 上限和 Reuss 下限之间。

对于无孔复合材料，根据式(2-32)、式(2-33)和式(2-44)，可获其有效力学参数。图 2-4 表示不同方法预测的无孔复合材料的杨氏模量和试验数据对比情况。从图 2-4 中可以看出，本章预测的无孔复合材料的杨氏模量和试验结果较为接近，且杨氏模量位于 Voigt 上限和 Reuss 下限之间。图 2-5 和图 2-6 分别表示采用不同方法预测的无孔复合材料的体积模量、剪切模量对比情况。类似地，采用本章方法预测的无孔复合材料的体积模量和剪切模量都位于相应的 Voigt 上界和 Reuss 下界之间。

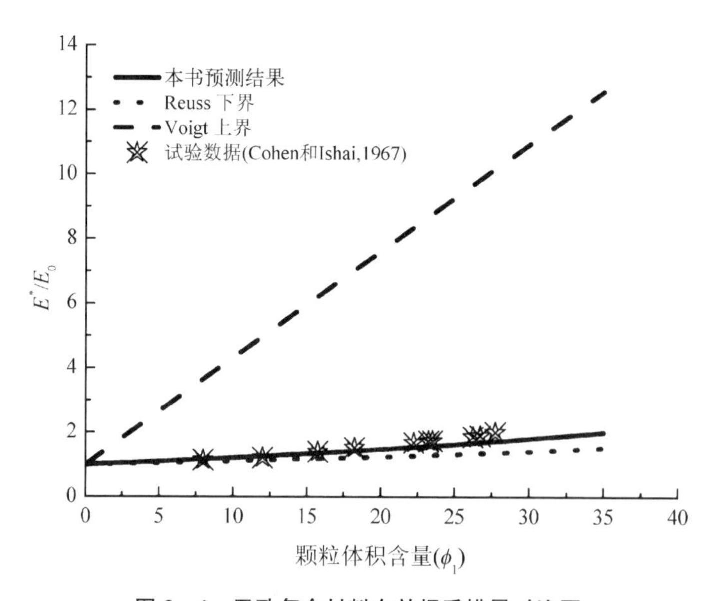

图 2-4　无孔复合材料有效杨氏模量对比图

对于多孔复合材料，其有效模量可以根据式(2-36)—式(2-41)和式(2-44)进行计算。表 2-1 所示为多孔复合材料杨氏模量的预测结果和试验结果。从表 2-1 中可以看出预测结果和试验结果吻合较好，平均误差约为 9%。

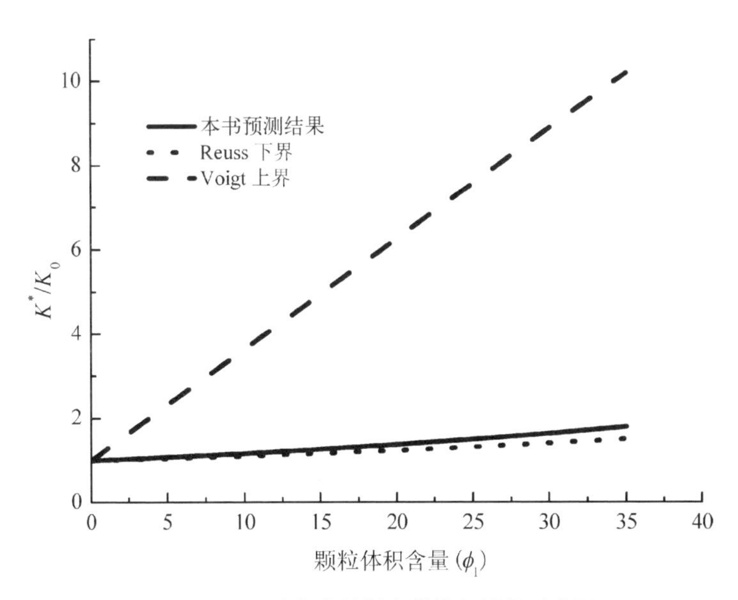

图 2-5　无孔复合材料有效体积模量对比图

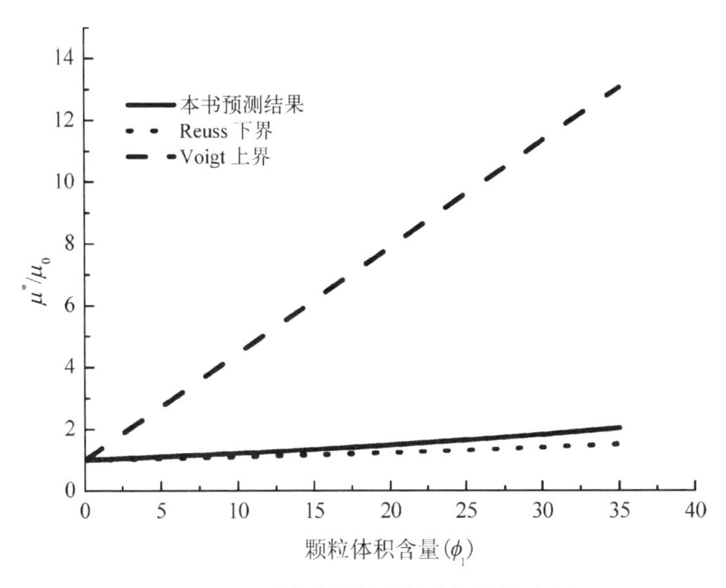

图 2-6　无孔复合材料有效剪切模量对比图

表 2-1 多孔复合材料杨氏模量的预测结果和试验结果

颗粒体积含量	微孔洞体积含量	E^*/E_0			
		试验数据(Cohen 和 Ishai,1967)	Reuss 下界	Voigt 上界	本书预测结果
12%	30.5%	0.66	0	4.67	0.68
15.75%	10%	1.15	0	6.11	1.11
18.25%	38%	0.57	0	6.66	0.66
22.25%	25%	1.13	0	8.11	0.93
23.25%	21.5%	1.07	0	8.48	1.01
23.5%	20%	1.17	0	8.58	1.05
26.25%	31.25%	0.81	0	9.37	0.88
26.75%	10%	1.73	0	9.75	1.37
27.75%	6.5%	1.9	0	10.12	1.50
33.25%	14%	1.48	0	11.86	1.43

2.4.2 随机模型的验证

本章采用 Parameswaran 和 Shukla(2000)的试验数据验证所提出的随机细观力学模型。各个组分的材料统计参数如表 2-2 所示(Rahman 和 Chakraborty,2007),符合对数正态分布。

表 2-2 各组分材料参数统计特征

随机变量	均值	变异系数
E_0(GPa)	3.6	0.1
E_1(GPa)	6	0.15
ν_0	0.41	0.1
ν_1	0.35	0.15

设夹杂的体积含量服从 Beta 分布(Rahman 和 Chakraborty, 2007),则可得其概率密度函数 $f(\phi)$为:

$$f(\phi)=\begin{cases}\dfrac{1}{B(\alpha,\ \beta)}\phi^{\alpha-1}(1-\phi)^{\beta-1}, & 0\leqslant\phi\leqslant 1\\ 0, & \text{其他}\end{cases}\tag{2-58}$$

其中

$$B(\alpha,\ \beta)=\frac{\Gamma(\alpha)\Gamma(\beta)}{\Gamma(\alpha+\beta)}\tag{2-59}$$

$$\Gamma(\tau)=\int_0^{\infty}\exp(-\eta)\eta^{\tau-1}\mathrm{d}\eta\tag{2-60}$$

式中,α, β 是分布参数;$B(\alpha,\ \beta)$是 Beta 函数,$\Gamma(\tau)$是 Gamma 函数,$\Gamma(\alpha)$和$\Gamma(\beta)$是对应于 $\tau=\alpha$ 和 β 的 Gamma 函数值。根据 Rahman 和 Chakraborty (2007),该体积含量的均值 $Mean(\phi)$和标准差 $SD(\phi)$可表示如下:

$$Mean(\phi)=0.109x+4.25x^2-9.762x^3+8.629x^4-2.748x^5\tag{2-61}$$

$$SD(\phi)=0.178x-0.309x^2+0.155x^3\tag{2-62}$$

式中, $x=X/t$ 是相对位置; $t=25$ cm 是材料总长度;X 为从夹杂体积含量为零处到当前位置的距离。同时,Beta 分布的参数可由以下公式确定:

$$\begin{cases}Mean(\phi)=\dfrac{\alpha}{\alpha+\beta}\\ SD(\phi)=\sqrt{\dfrac{\alpha\beta}{(\alpha+\beta)^2(\alpha+\beta+1)}}\end{cases}\tag{2-63}$$

图 2-7 表示不同方法得到的有效杨氏模量均值与方差对比情况。图中的线条分别表示由本章模拟方法、蒙特卡洛方法所得的材料有效杨氏模量的均值和方差;散点表示的是试验数据;M_O_2 和 SD_O_2 表示 $n=2$ 时

(3个牛顿插值样本点)本章模拟方法获取有效模量的均值和标准差;M_O_3和SD_O_3表示 $n=3$ 时(4个牛顿插值样本点)本章模拟方法获取的均值和标准差;M_MC和SD_MC表示直接采用蒙特卡洛法模拟得到的均值和方差,小括号内数据表示采用不同模拟方法需求解细观力学方程的次数。从图中可以看出,本章模拟方法结果和直接采用蒙特卡洛法模拟结果相近,且两者都和试验结果较为吻合;对于该案例而言,采用3个样本点进行牛顿插值或者4个样本点进行牛顿插值,对有效杨氏模量的均值和标准差无明显影响;对比不同模拟方法所需求解细观力学方程次数,可以发现,直接采用蒙特卡洛法模拟为 10^6 次,采用本章模拟方法分别为16次和21次。

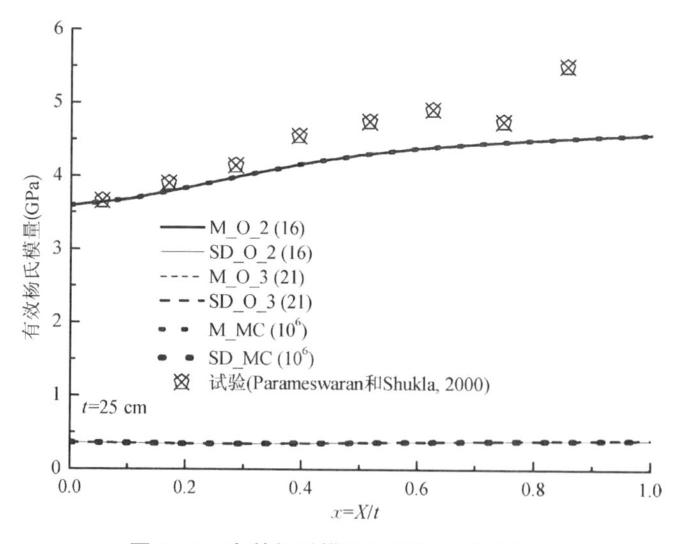

图2-7　有效杨氏模量均值与方差对比图

图2-8表示由本章模拟方法、蒙特卡洛方法所得的材料有效剪切模量的均值和方差对比情况。类似图2-7的情况,本章方法模拟的材料有效剪切模量和蒙特卡洛法结果相近,从而再次证明所提模拟方法的合理性。

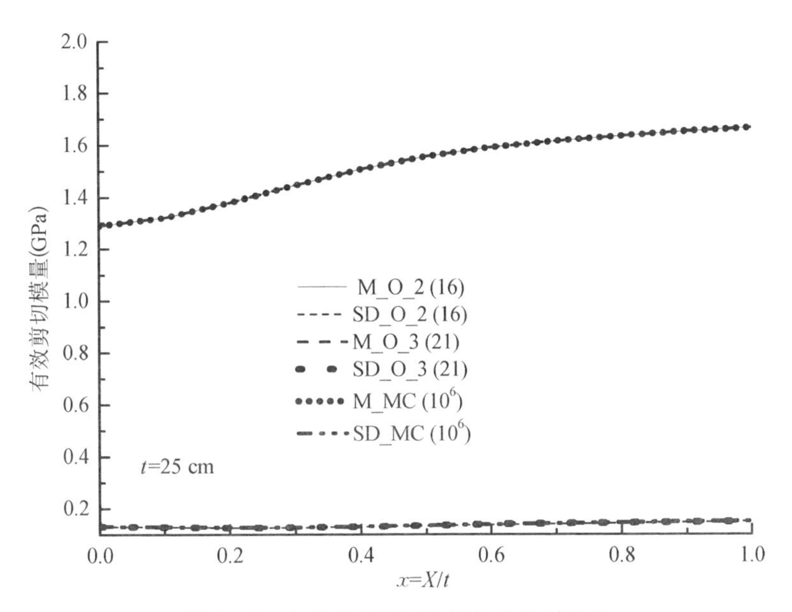

图 2-8　有效剪切模量均值与方差对比图

图 2-9 表示在位置 $x=X/t=0.5$ 处，采用不同模拟方法得到的材料有效杨氏模量的概率密度函数。图中 MC 表示直接采用蒙特卡洛法得到的概率密度；O_2 表示 $n=2$ 时采用本章模拟方法得到的概率密度；O_3 为 $n=3$ 时采用本章方法得到的概率密度；括号内数字表示不同模拟方法所需求解细观力学方程的次数。从图 2-9 中不难看出，本章模拟方法的结果和直接采用蒙特卡洛方法的结果相近。其中，蒙特卡洛法求解细观力学方程的次数为 10^6，而本书模拟方法需解细观力学方程的次数分别为 16($n=2$,3 个样本点)和 21($n=3$,4 个样本点)，同时，样本点个数取 3 或者 4 时，采用本章方法所得的有效杨氏模量的概率密度基本无差别。需要说明，所提模拟方法需要增加插值运算的工作量，但是，对比求解细观力学方程的运算而言，插值的运算量小。

图 2-10 表示在位置 $x = X/t = 0.5$ 处，采用不同模拟方法得到的材料有效剪切模量的概率密度函数。类似图 2-9 的结果，采用本章模拟方法和直接采用蒙特卡洛方法所得的有效剪切模量概率密度相近，但是，采用

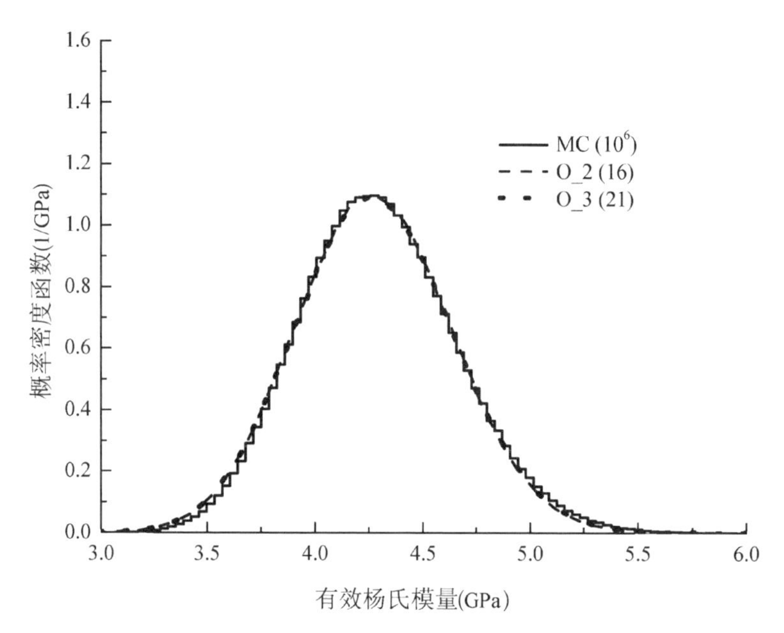

图 2-9　$x=0.5$ 处,有效杨氏模量概率密度图

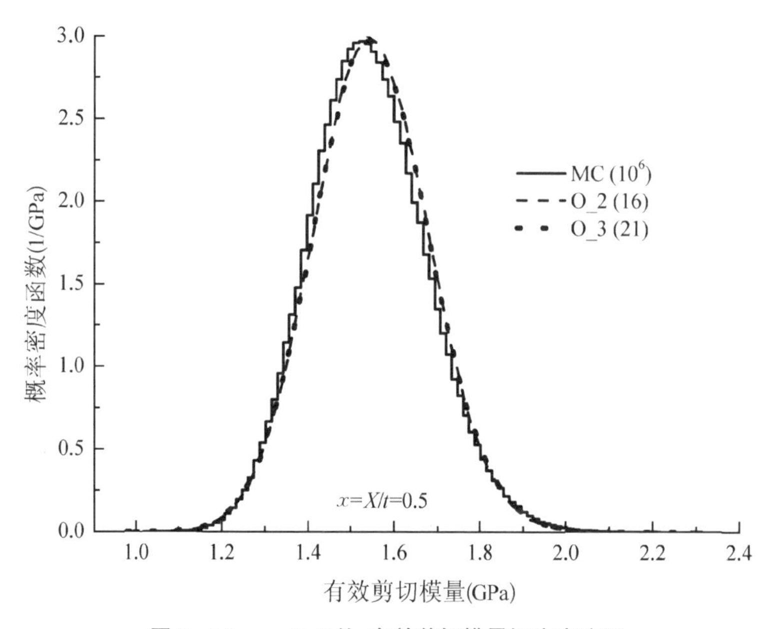

图 2-10　$x=0.5$ 处,有效剪切模量概率密度图

本章模拟方法可大大减少求解细观力学方程的次数；同样地，牛顿插值样本点个数取 3 或者 4 时，采用本章方法所得的有效剪切模量的概率密度基本无差别。

采用本章模拟方法还可得到不同位置材料有效模量的概率密度函数。图 2－11 和图 2－12 分别表示在 $x=0.2$ 和 $x=0.8$ 处，材料有效杨氏模量和有效剪切模量的概率密度函数，此处取 $n=2$。

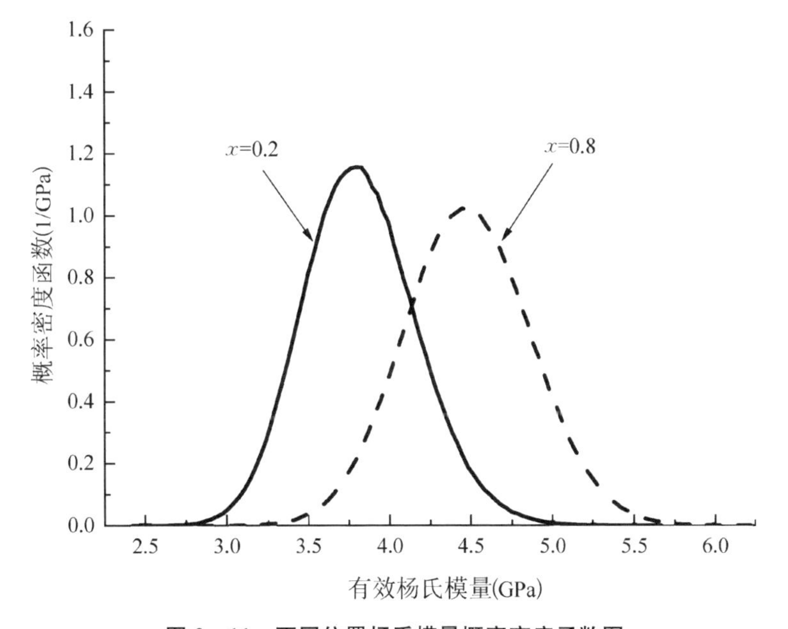

图 2－11　不同位置杨氏模量概率密度函数图

2.4.3　关于泊松比和弹性模型相关性的讨论

上面例子假设材料各组分的杨氏模量和泊松比为独立变量。然而，从材料的多尺度特性来看，材料组分的杨氏模量和泊松比可能会同时依赖于一个共同的微观结构，如微裂缝、微孔洞等。也就是说，这两个参数之间可能存在某种相关性（Asmani 等，2001；Zhang 和 Bentley，2005）。本节不探究这两者的相关性具体为何值，而是基于所提随机细观力学模型探讨如果

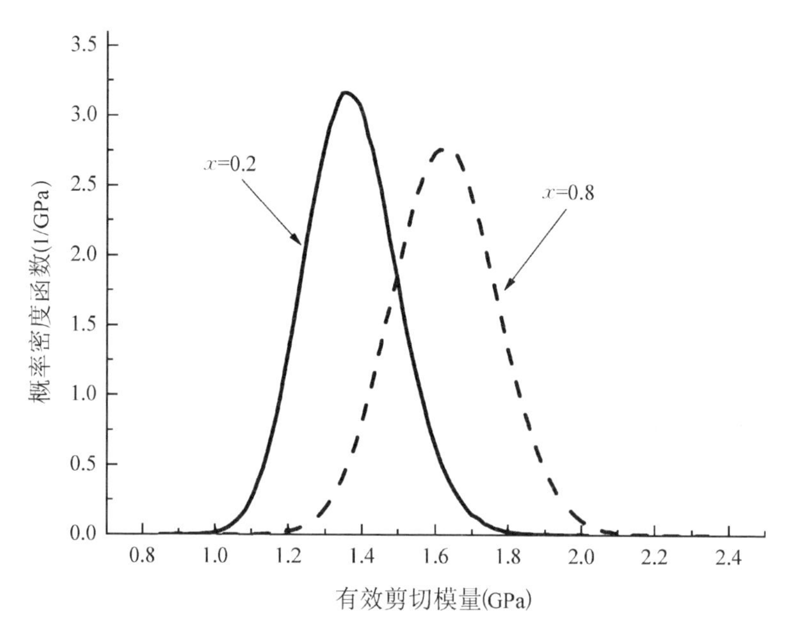

图 2-12　不同位置有效剪切模量概率密度函数图

两者(指组分材料的参数)具有某种程度的相关性时,其对复合材料整体性能的影响。作为算例,取 Rahman 和 Chakraborty(2007)中的材料参数,相对位置取 $x=0.5$。为了考虑杨氏模量和泊松比的相关性,引入如下相关系数:

$$\rho_i = \frac{Cov(X_i, Y_i)}{D(X_i)D(Y_i)}, \quad i = 0, 1 \tag{2-64}$$

式中,$X_i = \lg E_i$ 和 $Y_i = \lg \nu_i$, $Cov(X_i, Y_i)$ 是协方差;$D(X_i)$ 和 $D(Y_i)$ 是对应的标准差。此部分内容直接采用蒙特卡洛法进行模拟,次数为 10^6。

图 2-13 表示不同相关系数组合对应的复合材料有效杨氏模量均值,从中可以看出,当组分材料的杨氏模量和泊松比表现出的负相关性越强时,复合材料的有效杨氏模量均值增大,从而说明,当材料组分的杨氏模量越高,泊松比越小时,复合材料具有统计意义上更高的杨氏模量。图 2-14

表示不同相关系数组合对应的复合材料有效剪切模量的均值，图中情况和图 2－13 类似，当组分材料的杨氏模量和泊松比表现出的负相关性越强时，复合材料的有效剪切模量均值增大。

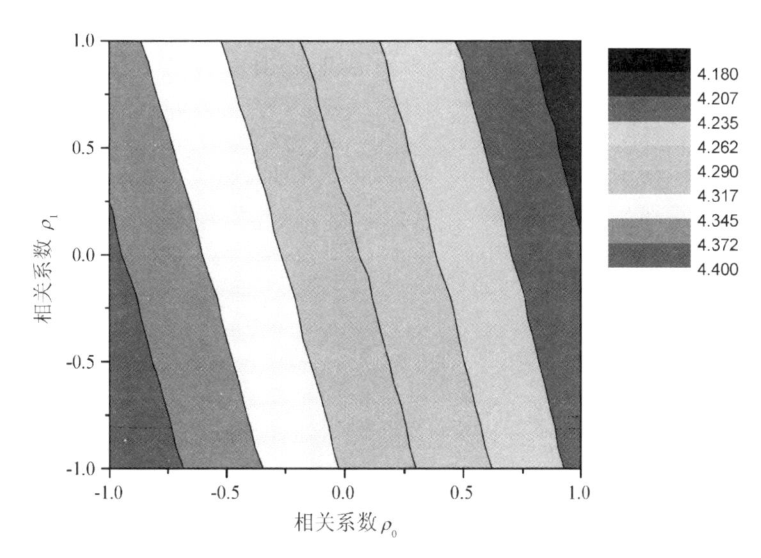

图 2－13　不同相关系数对应的复合材料有效杨氏模量均值

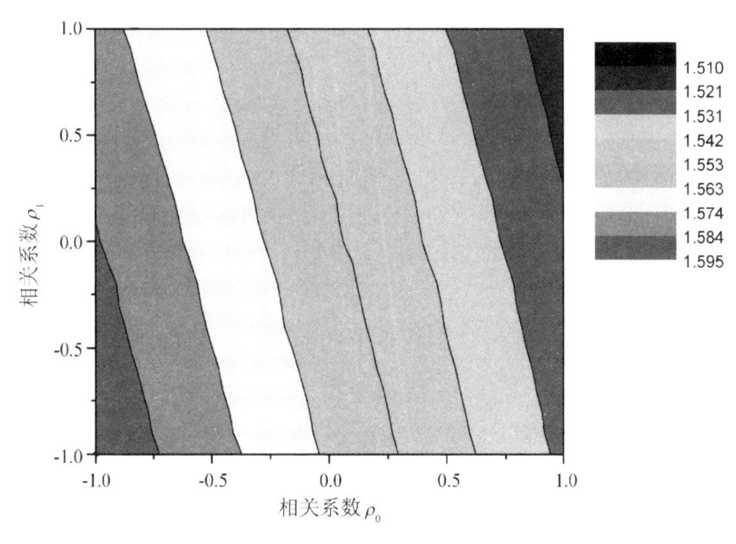

图 2－14　不同相关系数对应的复合材料有效剪切模量均值

图 2-15 表示不同相关系数组合对应的复合材料有效杨氏模量标准差变化情况，从中可以看出，当基体的杨氏模量和泊松比表现出的相关性越弱时，复合材料的有效杨氏模量标准差越大，当夹杂的杨氏模量和泊松比相关系数增大时，复合材料的有效杨氏模量标准差越小。

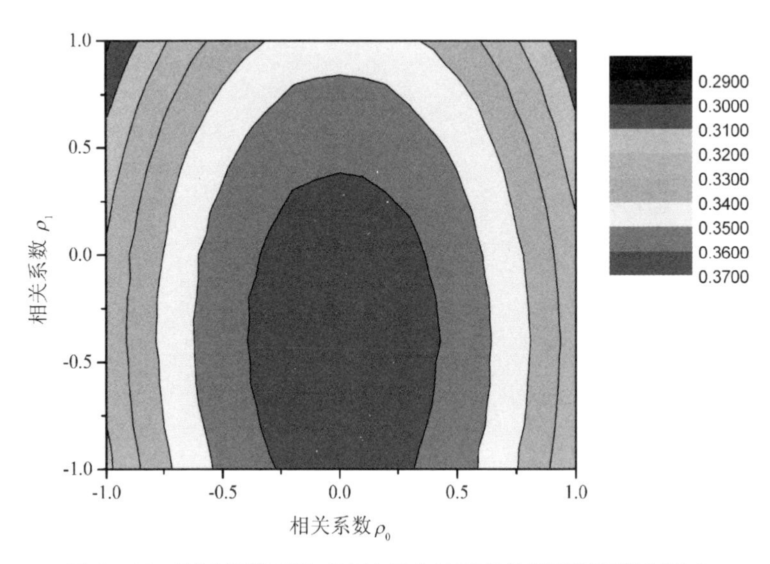

图 2-15　不同相关系数对应的复合材料有效杨氏模量的标准差

图 2-16 表示不同相关系数组合对应的复合材料有效剪切模量标准差变化情况，从中可以看出，当基体和夹杂的杨氏模量和泊松比表现出的负相关性越强时，复合材料的有效剪切模量标准差越大。

图 2-17 和图 2-18 表示 $\rho_1 = 0$，$\rho_0 = -1, -0.5, 0, 0.5, 1$ 时，材料有效杨氏模量和剪切模量的直方图。从图中也可看出，当基体的相关系数减小时，有效杨氏模量和剪切模量的分布整体增大。

图 2-19 和图 2-20 表示 $\rho_0 = 0$，$\rho_1 = -1, -0.5, 0, 0.5, 1$ 时，材料有效杨氏模量和剪切模量的直方图。同样，当相关系数减小时，材料有效模量的分布整体增大。

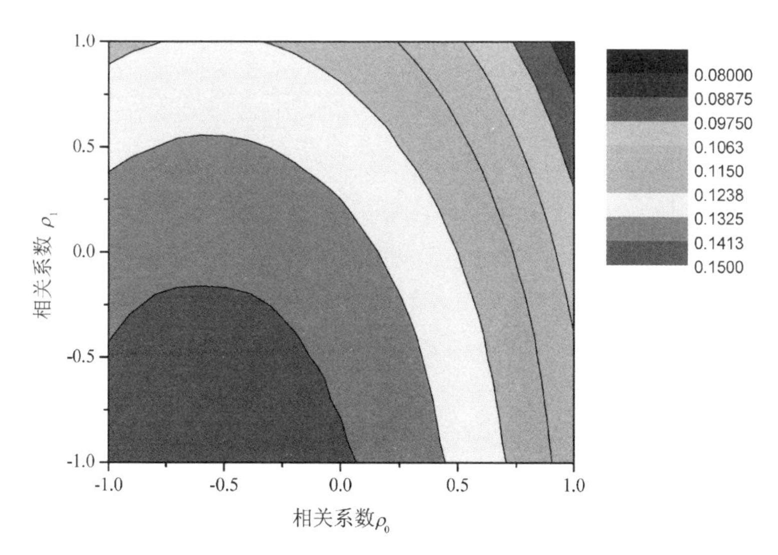

图 2-16　不同相关系数对应的复合材料有效剪切模量的标准差

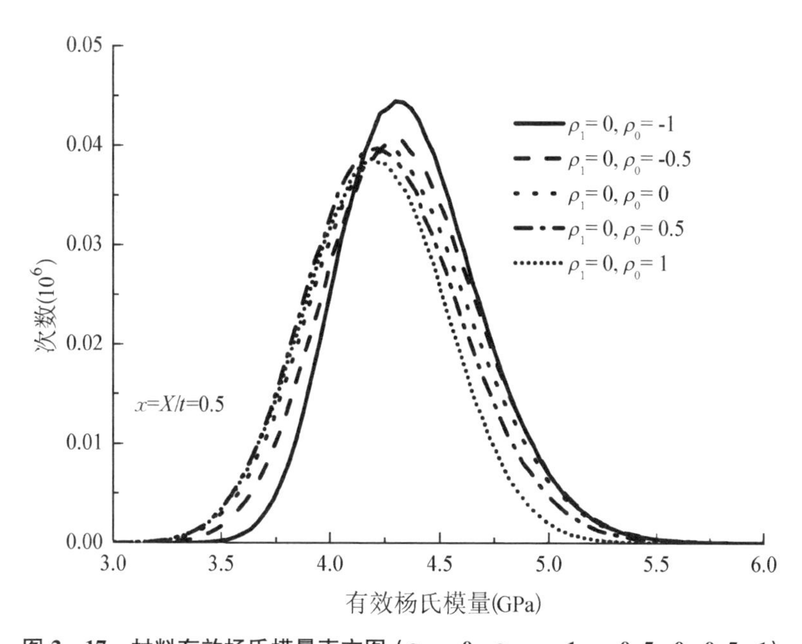

图 2-17　材料有效杨氏模量直方图 ($\rho_1=0$, $\rho_0=-1$, -0.5, 0, 0.5, 1)

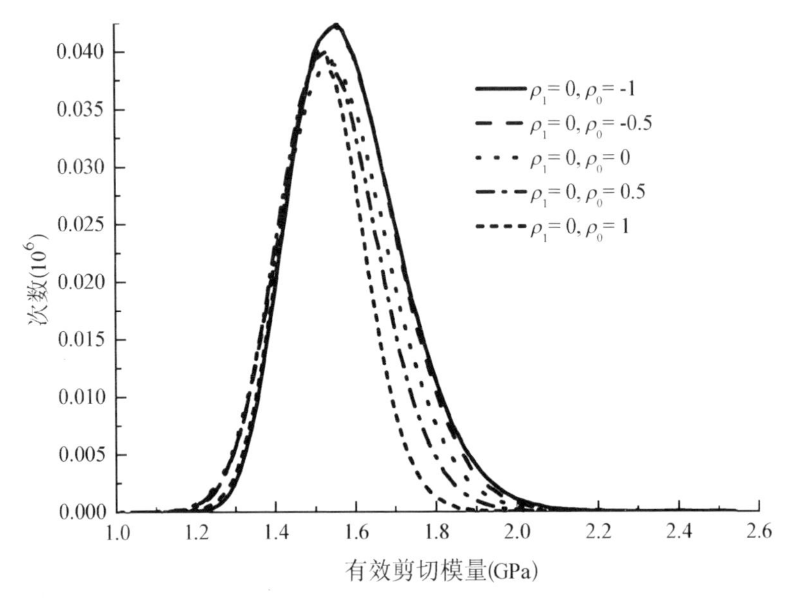

图 2-18　材料有效剪切模量直方图 ($\rho_1 = 0$, $\rho_0 = -1, -0.5, 0, 0.5, 1$)

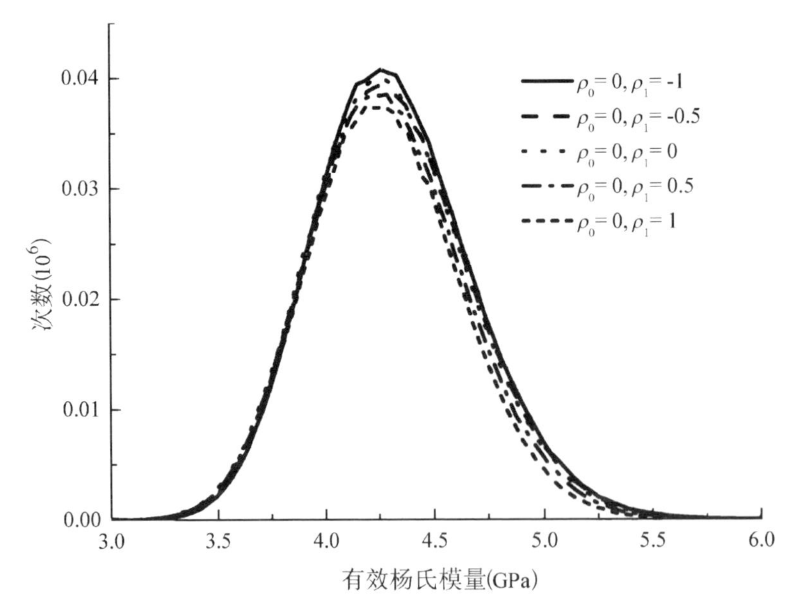

图 2-19　材料有效杨氏模量直方图 ($\rho_0 = 0$, $\rho_1 = -1, -0.5, 0, 0.5, 1$)

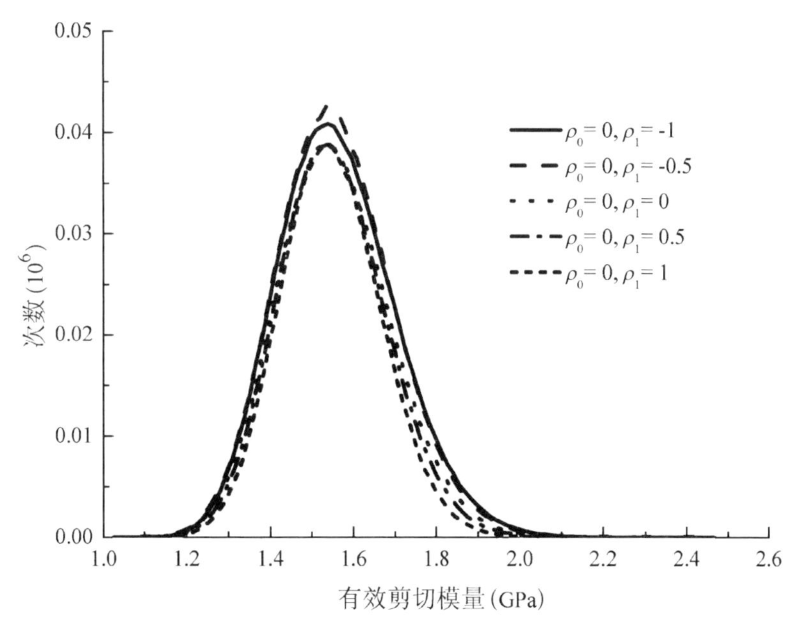

图 2-20　材料有效剪切模量直方图 ($\rho_0=0$, $\rho_1=-1$, -0.5, 0, 0.5, 1)

2.5　本 章 小 结

在前人研究基础上，本章从工程材料微观结构特征出发，提出了含球形夹杂的多相材料随机细观力学模型，现得出结论如下：

(1) 引入应变集中张量，定义了复合材料有效模量；通过近似求解应变集中张量，形成本章的确定性细观力学模型。经过试验和已有模型验证，本章提出的确定性细观力学模型具备合理性。

(2) 采用随机向量描述多相复合材料微观结构的随机性；并且提出了包含维数分解、牛顿插值和蒙特卡洛法在内的高维随机向量函数的随机模拟方法。算例显示，本章所提随机细观力学模型预测结果和试验数据吻合较好，模拟方法所得结果和直接采用蒙特卡洛法模拟的结果基本一致，但是所提模拟方法可以大大减少求解细观力学方程的次数。需要说明的是，所提模拟方法需要增加插值运算的工作量，但是，对比求解细观力学方程的运算而言，插值的运算量小。

（3）基于本章提出的随机细观力学模型，发现组分材料的杨氏模量和泊松比存在负相关性时，复合材料拥有更高的有效模量。

第3章

基于最大熵的两相材料随机细观力学模型

作为第 2 章内容的延伸，本章提出基于最大熵的两相材料随机细观力学模型。第一，在第 2 章的基础上，近似求解了考虑夹杂间相互作用的应变集中张量；接着，采用随机向量描述两相材料的微观结构特征，并采用蒙特卡洛法获取对应有效模量（该模量为一随机向量函数）的统计矩，并以此作为有效模量概率密度函数的约束条件。第二，基于最大熵原理获取材料宏观性能的概率密度函数；为了提高求解过程的稳定性，对有效模量进行了标准化处理。对比本章结果、试验结果和直接采用蒙特卡洛法模拟结果，说明本书提出的随机细观力学模型是合理的，而且，经过标准化处理后，基于最大熵原理获取的材料宏观性能的概率密度函数更稳定。

3.1 考虑夹杂间相互作用的两相材料细观力学模型

3.1.1 考虑夹杂间相互作用的应变集中张量

由第 2 章式(2 - 1)—式(2 - 3)可知，对于两相材料而言，其有效刚度可由下式定义：

$$\bar{\boldsymbol{\sigma}} = \boldsymbol{C}_* : \bar{\boldsymbol{\varepsilon}} \tag{3-1}$$

其中

$$\bar{\boldsymbol{\sigma}} \equiv \frac{1}{V}\int_V \boldsymbol{\sigma}(\boldsymbol{x})\mathrm{d}\boldsymbol{x} = \frac{1}{V}\left[\int_{V_m} \boldsymbol{\sigma}(\boldsymbol{x})\mathrm{d}\boldsymbol{x} + \int_{V_1} \boldsymbol{\sigma}(\boldsymbol{x})\mathrm{d}\boldsymbol{x}\right] \tag{3-2}$$

$$\bar{\boldsymbol{\varepsilon}} \equiv \frac{1}{V}\int_V \boldsymbol{\varepsilon}(\boldsymbol{x})\mathrm{d}\boldsymbol{x} = \frac{1}{V}\left[\int_{V_m} \boldsymbol{\varepsilon}(\boldsymbol{x})\mathrm{d}\boldsymbol{x} + \int_{V_1} \boldsymbol{\varepsilon}(\boldsymbol{x})\mathrm{d}\boldsymbol{x}\right] \tag{3-3}$$

式中，$\boldsymbol{C}_*$ 为两相复合材料有效弹性刚度张量；V 是代表性体积单元的体积；V_m是代表性体积单元中基体的体积；V_1 是代表性体积单元中夹杂相的体积；$\bar{\boldsymbol{\sigma}}$和$\bar{\boldsymbol{\varepsilon}}$为代表性体积单元的平均应力和平均应变。

由第 2 章式(2-11)可知，通过定义应变集中张量，可以得到两相材料的有效弹性刚度张量如下：

$$\boldsymbol{C}_* = [\boldsymbol{C}_0 + \phi(\boldsymbol{C}_1 - \boldsymbol{C}_0) : \boldsymbol{B}] \tag{3-4}$$

式中，$\boldsymbol{C}_0$为基体的弹性刚度张量；$\boldsymbol{C}_1$ 为夹杂的弹性刚度张量；ϕ 为夹杂的体积含量；$\boldsymbol{B}$ 为应变集中张量。上章在近似求解应变集中张量 $\boldsymbol{B}$ 时，忽略了夹杂间的相互作用。本节在上章基础上，基于 Ju 和 Chen(1994b)的成果，近似求解了考虑夹杂间相互作用的应变集中张量。

由式(2-17)和式(2-24)，考虑两相材料可得：

$$-\boldsymbol{A} : \bar{\boldsymbol{\varepsilon}}^{*0} = \boldsymbol{\varepsilon}^0 + \boldsymbol{S} : \bar{\boldsymbol{\varepsilon}}^{*0} \tag{3-5}$$

式中，$\bar{\boldsymbol{\varepsilon}}^{*0}$为不考虑夹杂相互作用的本征应变。

根据 Ju 和 Chen(1994b)，考虑颗粒间相互作用后，对应的本征应变可表示如下：

$$\boldsymbol{\varepsilon}^{*p} = \boldsymbol{\Gamma} : \boldsymbol{\varepsilon}^{*0} \tag{3-6}$$

其中,$\boldsymbol{\Gamma}$ 的分量可写成:

$$\Gamma_{ijkl} = \gamma_1 \delta_{ij} \delta_{kl} + \gamma_2 (\delta_{ik} \delta_{jl} + \delta_{il} \delta_{jk}) \tag{3-7}$$

$$\gamma_1 = \frac{5\phi}{96\beta^2} \left\{ 12\nu_0 (13 - 14\nu_0) - \frac{96\alpha}{3\alpha + 2\beta} (1 - 2\nu_0)(1 + \nu_0) \right\} \tag{3-8}$$

$$\gamma_2 = \frac{1}{2} + \frac{5\phi}{96\beta^2} \left\{ 6(25 - 34\nu_0 + 22\nu_0^2) - \frac{36\alpha}{3\alpha + 2\beta} (1 - 2\nu_0)(1 + \nu_0) \right\} \tag{3-9}$$

$$\alpha = 2(5\nu_0 - 1) + 10(1 - \nu_0) \left(\frac{K_0}{K_1 - K_0} - \frac{\mu_0}{\mu_1 - \mu_0} \right) \tag{3-10}$$

$$\beta = 2(4 - 5\nu_0) + 15(1 - \nu_0) \frac{\mu_0}{\mu_1 - \mu_0} \tag{3-11}$$

那么,考虑颗粒相互作用后,式(2-27)可写成如下形式:

$$\begin{aligned} \bar{\boldsymbol{\varepsilon}} &= \boldsymbol{\varepsilon}^0 + \frac{1}{V} \int_V \left[\int_V \boldsymbol{G}(\boldsymbol{x} - \boldsymbol{x}') \mathrm{d}\boldsymbol{x} \right] : \boldsymbol{\varepsilon}^* (\boldsymbol{x}') \mathrm{d}\boldsymbol{x}' \\ &= \boldsymbol{\varepsilon}^0 + \boldsymbol{S} : [\phi \bar{\boldsymbol{\varepsilon}}^{*p}] \end{aligned} \tag{3-12}$$

由式(3-5)、式(3-6)以及式(3-12)可得:

$$\bar{\boldsymbol{\varepsilon}}^{*p} = [\boldsymbol{\Gamma}(-\boldsymbol{A} - \boldsymbol{S} + \phi \boldsymbol{S}\boldsymbol{\Gamma})^{-1}] : \bar{\boldsymbol{\varepsilon}} \tag{3-13}$$

那么,由式(2-17)可以得到:

$$\boldsymbol{B} = \boldsymbol{\Gamma}\boldsymbol{A}(\boldsymbol{A} + \boldsymbol{S} - \phi \boldsymbol{S}\boldsymbol{\Gamma})^{-1} \tag{3-14}$$

3.1.2　考虑夹杂间相互作用的复合材料有效模量

将式(3-14)代入式(3-4)可以得到考虑夹杂间相互作用的两相材料有效刚度张量:

$$\boldsymbol{C}^* = \boldsymbol{C}_0\{\boldsymbol{I} - \phi\boldsymbol{\Gamma}(-\boldsymbol{A} - \boldsymbol{S} + \phi\boldsymbol{S}\boldsymbol{\Gamma})^{-1}\} \tag{3-15}$$

定义 K^*，μ^* 和 E^* 为两相复合材料的有效体积模量、剪切模量和杨氏模量。那么有：

$$K^* = K_0\left\{1 + \frac{30(1-\nu_0)\phi(3\gamma_1 + 2\gamma_2)}{3\alpha + 2\beta - 10(1+\nu_0)\phi(3\gamma_1 + 2\gamma_2)}\right\} \tag{3-16}$$

$$\mu^* = \mu_0\left\{1 + \frac{30(1-\nu_0)\phi\gamma_2}{\beta - 4(4-5\nu_0)\phi\gamma_2}\right\} \tag{3-17}$$

$$E^* = \frac{9K^*\mu^*}{3K^* + \mu^*} \tag{3-18}$$

式中，γ_1，γ_2，α，β 可由式(3-8)—式(3-11)确定。

3.2 两相复合材料微结构的随机描述

如要建立材料的随机细观力学模型，则需对其细观结构进行随机描述。类似第 2 章，本章亦采用随机向量对两相材料的微结构进行随机描述。设($\boldsymbol{\Omega}$, $\boldsymbol{\xi}$, P) 是一概率空间，其中，$\boldsymbol{\Omega}$ 是样本空间，$\boldsymbol{\xi}$ 是样本空间的子集，P 是概率或者概率测度；$\boldsymbol{R}^N$ 是 N 维实向量空间。设 ϕ_0，E_0，ν_0 代表基体的体积含量、杨氏模量和泊松比，ϕ 为夹杂的体积含量；那么有基体的体积含量为 $\phi_0 = 1-\phi$。为了描述材料组分力学性能的随机性，引入随机向量 $\{E_0, E_1, \nu_0, \nu_1\}^T \in \boldsymbol{R}^4$；那么，基于本章所提的确定性细观力学模型，随机向量 $\{E_0, E_1, \nu_0, \nu_1, \phi\}^T \in \boldsymbol{R}^5$ 包含了两相材料宏观有效性能不确定性的所有来源。下节将基于最大熵原理获取两相材料宏观有效性能的概率密度函数。

3.3　两相材料宏观有效性能的概率特征

3.3.1　最大熵原理

当 x 为连续型随机变量时，熵 $H(x)$ 可由下式定义

$$H(x) = -\int_{-\infty}^{\infty} f(x)\ln[f(x)]\mathrm{d}x \tag{3-19}$$

式中，$f(x)$ 为随机变量 x 的概率密度函数（赵国藩，2010）。

根据最大信息熵原理，在所有满足给定的约束条件的许多概率密度函数中，信息熵最大的概率密度函数就是最佳（即偏差最小）的概率密度函数。

对于连续型随机变量 x 和其对应的概率密度函数 $f(x)$，需满足以下条件

$$z_0(x) = \int_{-\infty}^{\infty} f(x)\mathrm{d}x - 1 = 0 \tag{3-20}$$

$$z_i(x) = \int_{-\infty}^{\infty} x^i f(x)\mathrm{d}x - m_i = 0 \tag{3-21}$$

式中，m_i 为 x 统计样本的第 i 阶原点矩，可由统计样本计算确定。

为了使随机变量的熵 $H(x)$ 在满足式（3－20）和式（3－21）的条件下取得最大值，可构造如下拉格朗日方程

$$F(x) = H(x) + (a_0 + 1)z_0(x) + \sum_{i=1}^{N} a_i z_i(x) \tag{3-22}$$

式中，a_0，a_1，a_2，…，a_N 是拉格朗日乘子。满足 $\partial F(x)/\partial f(x) = 0$ 时，熵 $H(x)$ 为最大值。即满足下式：

$$f(x) = \exp\left[a_0 + \sum_{i=1}^{N} a_i x^i\right] \tag{3-23}$$

式中,a_1, a_2, $\cdots$,a_N可通过求解以下方程组得到(Er,1998):

$$\begin{pmatrix} 1 & m_1 & m_2 & \cdots & m_{N-1} \\ m_1 & m_2 & m_3 & \cdots & m_N \\ m_2 & m_3 & m_4 & \cdots & m_{N+1} \\ \vdots & \vdots & \vdots & \ddots & \vdots \\ m_{N-1} & m_N & m_{N+1} & \cdots & m_{2N-2} \\ m_N & m_{N+1} & m_{N+2} & \cdots & m_{2N-1} \\ m_{N+1} & m_{N+2} & m_{N+3} & \cdots & m_{2N} \\ & & \vdots & & \end{pmatrix} \begin{pmatrix} a_1 \\ 2a_2 \\ 3a_3 \\ \vdots \\ Na_N \end{pmatrix} = \begin{pmatrix} 0 \\ -1 \\ -2m_1 \\ \vdots \\ -(N-1)m_{N-2} \\ -Nm_{N-1} \\ -(N+1)m_N \\ \vdots \end{pmatrix} \tag{3-24}$$

联合式(3-20)可得 a_0,进而确定 $f(x)$的表达式。

3.3.2 基于蒙特卡洛法的有效性能高阶矩

由式(3-16)—式(3-18)可知,当给定样本点 $(E_0, E_1, \nu_0, \nu_1, \phi)^{\mathrm{T}} \in \boldsymbol{R}^5$,便可以获得该样本点对应的两相材料有效模量。为了获取有效模量的 L 阶原点矩,本节采用蒙特卡洛法,如下:

$$m_l^{K^*} = E[(K^*)^l] = \lim_{M\to\infty}\left[\frac{1}{M}\sum_{i=1}^{M}(K_i^*)^l\right] \tag{3-25}$$

$$m_l^{\mu^*} = E[(\mu^*)^l] = \lim_{M\to\infty}\left[\frac{1}{M}\sum_{i=1}^{M}(\mu_i^*)^l\right] \tag{3-26}$$

$$m_l^{E^*} = E[(E^*)^l] = \lim_{M\to\infty}\left[\frac{1}{M}\sum_{i=1}^{M}(E_i^*)^l\right] \tag{3-27}$$

式中,M 是样本点数量。在实际的模拟过程中 M 将是一个有限值,下文将

讨论 M 的取值对预测结果的影响。

3.3.3　基于最大熵的有效性能概率密度函数

原则上，将式(3-25)—式(3-27)代入式(3-24)和式(3-20)便可求得各模量对应的系数矩阵，从而可以求得基于最大熵的有效模量概率密度函数。但是，考虑到式(3-24)的系数矩阵容易出现奇异，本节对有效模量进行标准化处理。设 $me(\quad)$ 和 $sd(\quad)$ 代表有效模量的均值函数和标准差函数。那么，经过标准化处理后的杨氏模量 NE^{*}，剪切模量 $N\mu^{*}$，体积模量 NK^{*} 可表示如下：

$$NE^{*}=\frac{E^{*}-me(E^{*})}{sd(E^{*})} \tag{3-28}$$

$$N\mu^{*}=\frac{\mu^{*}-me(\mu^{*})}{sd(\mu^{*})} \tag{3-29}$$

$$NK^{*}=\frac{K^{*}\quad me(K^{*})}{sd(K^{*})} \tag{3-30}$$

经过标准化处理后，有效模量(含杨氏模量、剪切模量和体积模量)的均值为0，标准差为1。

设 $\bar{f}(x)$ 是标准化后有效模量的概率密度函数，以杨氏模量为例，那么未经标准化的有效模量的概率密度函数 $g(x)$ 可表示如下：

$$\begin{aligned} g(x)=[G(x)]'&=\left[P\left(NE^{*}<\frac{x-me(E)^{*}}{sd(E^{*})}\right)\right]' \\ &=\frac{1}{sd(E^{*})}\bar{f}\left(\frac{x-me(E^{*})}{sd(E^{*})}\right) \end{aligned} \tag{3-31}$$

式中，$G(x)$ 是累积分布函数；$[\quad]'$ 表示求导。

考虑标准化后的有效模量，式(3-24)可改写为：

$$\begin{bmatrix} 1 & 0 & \cdots & nm_X^{n-1} \\ 0 & 2 & \cdots & nm_X^n \\ \vdots & \vdots & \ddots & \vdots \\ m_X^{n-1} & 2m_X^n & \cdots & nm_X^{2(n-1)} \end{bmatrix} \begin{Bmatrix} a_1 \\ a_2 \\ \vdots \\ a_n \end{Bmatrix} = \begin{Bmatrix} 0 \\ -1 \\ \vdots \\ -(n-1)m_X^{n-2} \end{Bmatrix} \tag{3-32}$$

其中

$$m_X^n = E\left[\left(\frac{Y^* - me(Y^*)}{sd(Y^*)}\right)^n\right],\ Y = K,\ \mu,\ E \tag{3-33}$$

如果样本点数量足够多,有

$$m_X^n = E\left[\left(\frac{Y^* - me(Y^*)}{sd(Y^*)}\right)^n\right] \approx \frac{1}{T}\sum_{i=1}^{T}\left(\frac{Y_i^* - me(Y^*)}{sd(Y^*)}\right)^n \tag{3-34}$$

式中,T 为经过标准化处理后样本点的数量。

进一步,可得

$$e^{a_0} = \frac{1}{\int_{-\infty}^{+\infty} e^{a_1 x + a_2 x^2 + \cdots + a_n x^n} \mathrm{d}x} \tag{3-35}$$

在实际数值计算中,式(3-35)可取

$$e^{a_0} = \frac{1}{\int_{-4}^{+4} e^{a_1 x + a_2 x^2 + \cdots + a_n x^n} \mathrm{d}x} \tag{3-36}$$

有了参数 a_0, $a_i(i = 1,\cdots,n)$后,标准化后有效模量的概率密度函数 $\bar{f}(x)$便可求出。那么,未经过标准化处理的有效模量的概率密度函数 $g(x)$便可写为:

$$g(x) = \frac{1}{sd(Y^*)}\bar{f}\left(\frac{x - me(Y^*)}{sd(Y^*)}\right) \tag{3-37}$$

3.4　数值模拟和讨论

本章的随机细观力学框架由三部分内容组成：① 两相材料细观结构的随机向量描述；② 考虑夹杂间相互作用的确定性细观力学模型；③ 基于最大熵的有效模量(随机函数)概率密度预测。本节试图通过试验数据、已有模型和蒙特卡洛法模拟结果对该框架进行验证。

为了验证本章确定性模型的合理性，除了将本章模型结果和试验对比外，还采用 Voigt 上限和 Reuss 下限[详细参见式(2-51)—式(2-54)]以及 Hashin-Shtrikman(H-S)上下限。依据基体的刚度大于或者小于夹杂的刚度，可以定义 H-S 上下限如下：

$$K^*_{HS1} = K_0 + \frac{\phi}{\dfrac{1}{K_1 - K_0} + \dfrac{3(1-\phi)}{3K_0 + 4\mu_0}} \tag{3-38}$$

$$K^*_{HS2} = K_1 + \frac{1-\phi}{\dfrac{1}{K_0 - K_1} + \dfrac{3\phi}{3K_1 + 4\mu_1}} \tag{3-39}$$

$$\mu^*_{HS1} = \mu_0 + \frac{\phi}{\dfrac{1}{\mu_1 - \mu_0} + \dfrac{6(1-\phi)(K_0 + 2\mu_0)}{5\mu_0(3K_0 + 4\mu_0)}} \tag{3-40}$$

$$\mu^*_{HS2} = \mu_1 + \frac{1-\phi}{\dfrac{1}{\mu_0 - \mu_1} + \dfrac{6\phi(K_1 + 2\mu_1)}{5\mu_1(3K_1 + 4\mu_1)}} \tag{3-41}$$

如果夹杂的刚度大于(小于)基体的刚度，式中 K^*_{HS1} 和 K^*_{HS2} 表示体积模量的 H-S 下限和上限(上限和下限)，μ^*_{HS1} 和 μ^*_{HS2} 表示剪切模量的 H-S 下限和上限(上限和下限)。依据体积模量和剪切模量的 H-S 上(下)限,可以计算杨氏模量的 H-S 上(下)限。

3.4.1 确定性模型的验证

为了验证本章提出的模型,采用 Cohen 和 Ishai(1967),Smith(1976)和 Walsh 等(1965)等的试验数据进行对比。材料参数如下:① $E_0 = 22\,000\ \mathrm{kg/cm^2}$ 和 $\nu_0 = 0.3$ (Cohen 和 Ishai,1967);② $E_0 = 3.0\ \mathrm{GPa}$, $\nu_0 = 0.4$, $E_1 = 76\ \mathrm{GPa}$ 和 $\nu_1 = 0.23$ (Smith,1976);③ $E_0 = 0.75 \times 10^6$ bars 和 $\nu_0 = 0.23$ (Walsh 等,1965)。这些材料的体积模量和剪切模量可以按照如下关系式换算:

$$K = \frac{E}{3(1-2\nu)} \text{ 和 } \mu = \frac{E}{2(1+\nu)} \tag{3-42}$$

图 3-1 表示不同细观力学模型预测的杨氏模量与 Cohen 和 Ishai(1967)的试验数据对比情况。图中 E_{No}^* 表示不考虑夹杂间相互作用的材料

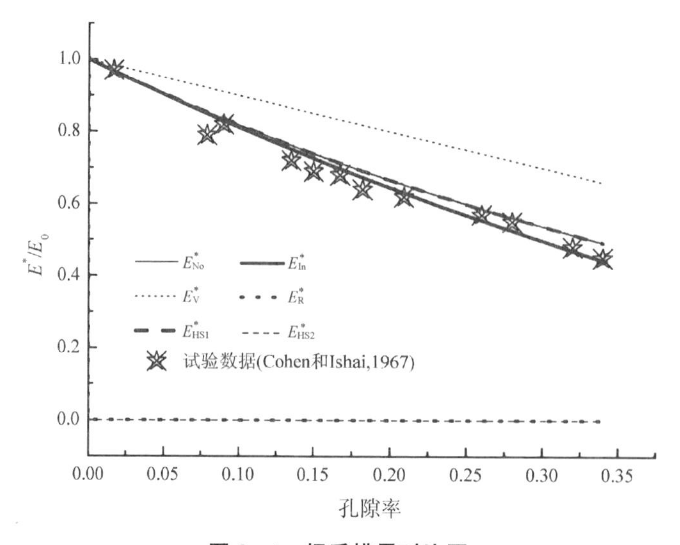

图 3-1 杨氏模量对比图

有效杨氏模量，即本书第 2 章方法预测的结果；E_{In}^{*} 表示考虑夹杂间相互作用的材料有效杨氏模量，即本书第 3 章方法预测的结果；E_{V}^{*} 表示材料有效杨氏模量的 Voigt 上限；E_{R}^{*} 表示材料有效杨氏模量的 Reuss 下限；此处，E_{HS1}^{*} 表示材料有效杨氏模量的 H－S 上限；E_{HS2}^{*} 表示材料有效杨氏模量的 H－S 下限；从图中可以看出，考虑夹杂间相互作用的预测结果和实验数据吻合的很好，第 2 章未考虑夹杂间相互作用的预测结果(和 H－S 上限结果相同)也可较好地反映该试验的结果。同时，本章预测结果都在对应的 H－S上下限、Voigt 上限和 Reuss 下限之间。

图 3－2 表示不同细观力学模型预测的杨氏模量与 Smith(1976)的试验数据对比情况。从图中可以看出，考虑夹杂间相互作用的预测结果和试验数据吻合的很好，在夹杂含量较低时，第 2 章未考虑夹杂间相互作用的预测结果(和 H－S 下限结果相同)也可较好地反映该试验的结果。本章有效杨氏模量的预测结果都在对应的 H－S 上下限、Voigt 上限和 Reuss 下限之间，进一步说明预测结果的合理性。

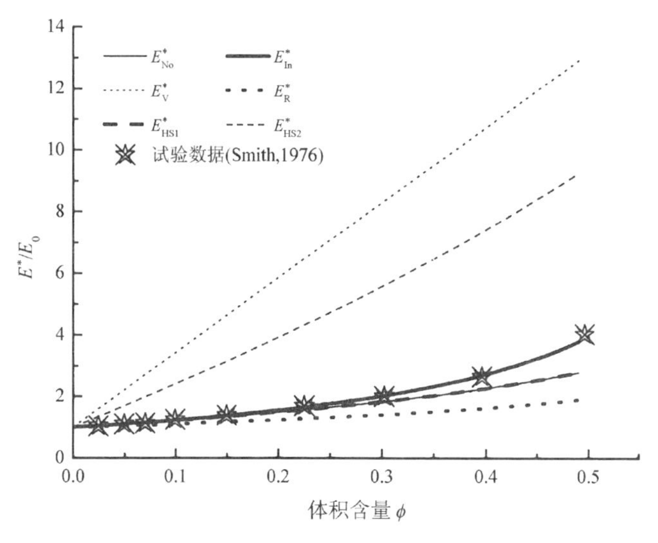

图 3－2　杨氏模量对比图

图 3 - 3 表示不同细观力学模型预测的剪切模量和 Smith(1976)的试验数据对比情况。图中 μ_{No}^* 表示不考虑夹杂间相互作用的材料有效剪切模量；μ_{In}^* 表示考虑夹杂间相互作用的材料有效剪切模量；μ_V^* 表示材料有效剪切模量的 Voigt 上限；μ_R^* 表示材料有效剪切模量的 Reuss 下限；此处，μ_{HS1}^* 表示材料有效剪切模量的 H - S 下限；μ_{HS2}^* 表示材料有效剪切模量的 H - S 上限；从图中可以看出，考虑夹杂间相互作用的预测结果和试验数据吻合的很好，在夹杂含量较低时，第 2 章未考虑夹杂间相互作用的预测结果(和 H - S下限结果相同)也可较好地反映该试验的结果。同时，本章有效剪切模量的预测结果也都在对应的 H - S 上下限、Voigt 上限和 Reuss 下限之间。

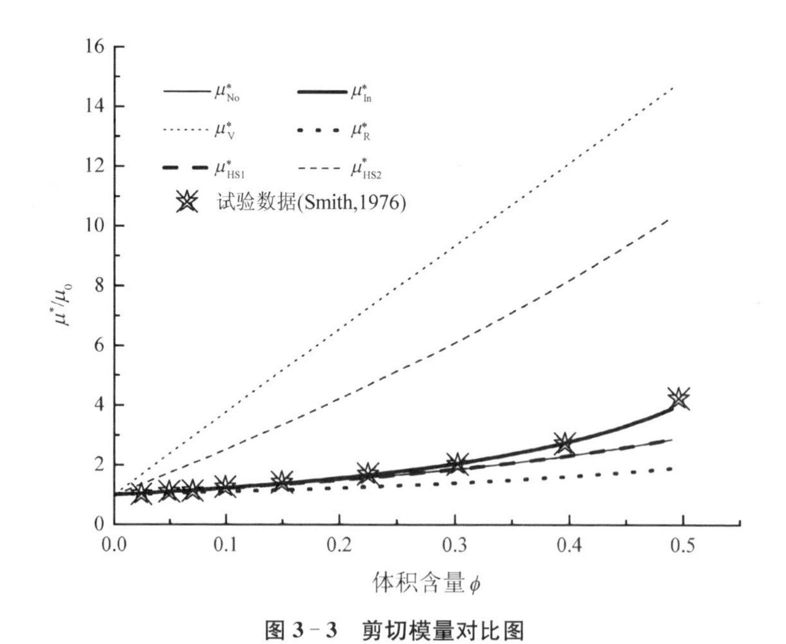

图 3 - 3　剪切模量对比图

图 3 - 4 表示不同细观力学模型预测的体积模量和 Walsh 等(1965)的试验数据对比情况。图中 K_{No}^* 表示不考虑夹杂间相互作用的材料有效体积模量；K_{In}^* 表示考虑夹杂间相互作用的材料有效体积模量；K_V^* 表示材料有

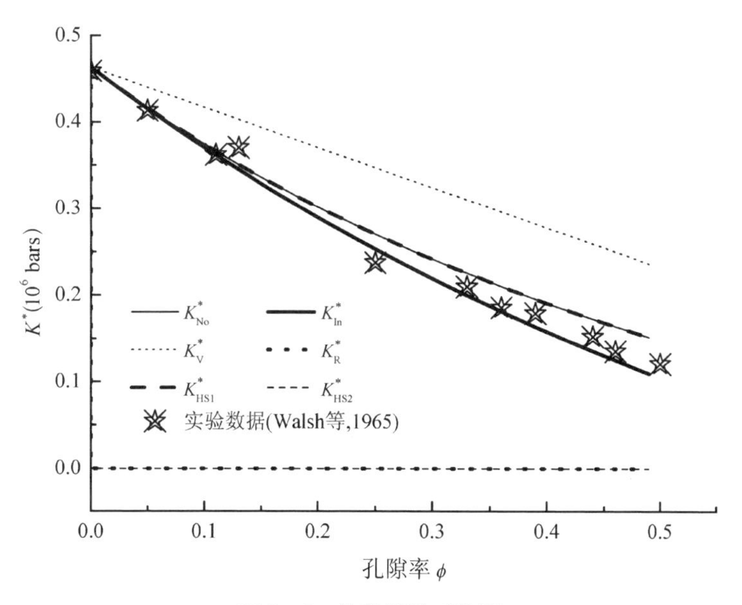

图 3-4　体积模量对比图

效体积模量的 Voigt 上限；K_R^* 表示材料有效体积模量的 Reuss 下限；此处，K_{HS1}^* 表示材料有效体积模量的 H-S 上限；K_{HS2}^* 表示材料有效体积模量的 H-S 下限。从图中可以看出，考虑夹杂间相互作用的预测结果和试验数据吻合，在夹杂含量较低时，第 2 章未考虑夹杂间相互作用的预测结果(和H-S 下限结果相同)也可较好地反映该试验结果。同时，本章有效体积模量的预测结果也都在对应的 H-S 上下限、Voigt 上限和 Reuss 下限之间。

从以上分析可以看出，对于低夹杂含量的情形(<30%)，本书第 2 章和第 3 章模型都可较好预测复合材料的有效模量，当夹杂含量较高时，本章模型依然和试验数据吻合。

3.4.2　随机细观力学模型的验证

1. 基于最大熵的概率密度函数预测方法验证

由于很难精确知道工程材料的力学参数所服从的概率分布，现实中常采用某一经典的概率分布对其进行描述，如正态分布、对数正态分布等。为了验证本章所提的基于最大熵的概率密度函数预测方法，本节将采用经典的概率密度分布函数验证其合理性。所采用的概率密度类型如表 3-1 所示。

表 3-1　本节采用的概率密度函数

编号	分布类型	概率密度函数	说　　明
1	正态分布	$f(x)=\dfrac{1}{\sigma\sqrt{2\pi}}\mathrm{e}^{-\frac{(x-\mu)^2}{2\sigma^2}}$	μ 是随机变量均值，σ 是随机变量的标准差
2	对数正态分布	$f(x)=\dfrac{1}{x\sigma\sqrt{2\pi}}\mathrm{e}^{-\frac{(\ln x-\mu)^2}{2\sigma^2}}$	μ 是随机变量对数的均值，σ 是随机变量对数的标准差
3	韦伯分布	$f(x)=\begin{cases}\dfrac{k}{\lambda}\left(\dfrac{x}{\lambda}\right)^{k-1}\mathrm{e}^{-(x/\lambda)^k} & x\geqslant 0\\ 0 & x<0\end{cases}$	$\lambda>0$ 是比例参数，$k>0$ 是形状参数
4	伽马(Gamma)分布	$f(x)=\begin{cases}\dfrac{1}{b^a\Gamma(a)}x^{a-1}x^{-\frac{x}{b}} & x\geqslant 0\\ 0 & x<0\end{cases}$	a 是形状参数，b 是尺度参数，$\Gamma(\cdot)$是伽马函数
5	极值分布	$f(x)=\dfrac{1}{\sigma}\mathrm{e}^{\left(\frac{x-\mu}{\sigma}\right)}\mathrm{e}^{-\mathrm{e}^{\left(\frac{x-\mu}{\sigma}\right)}}$	μ 是位置参数，σ 是尺度参数

(1) 正态分布

假设符合正态分布的随机变量的均值 μ 取 100，标准差 σ 为 15。采用本章基于最大熵的概率密度预测方法，可以得到正态分布概率密度函数近似值。图 3-5 表示采用本章方法所得正态分布概率密度函数近似值和理论解比较情况。图中 $n=2$, 3, 4 分别对应于本章方法中概率密度函数约束条件取到 2 阶、4 阶和 6 阶原点矩的情况，在获取样本各阶原点矩时，样本点个数取 1 000，其精度在图 3-6 中说明。本章理论解(原则上，可以由表达式直接获取)是采用蒙特卡洛法近似获得，样本点取 1 000 000 个。从图中看出，对于 $n=2$, 3, 4 三种情况，采用本章基于最大熵的概率密度预测方法所得结果和理论解几乎一致。

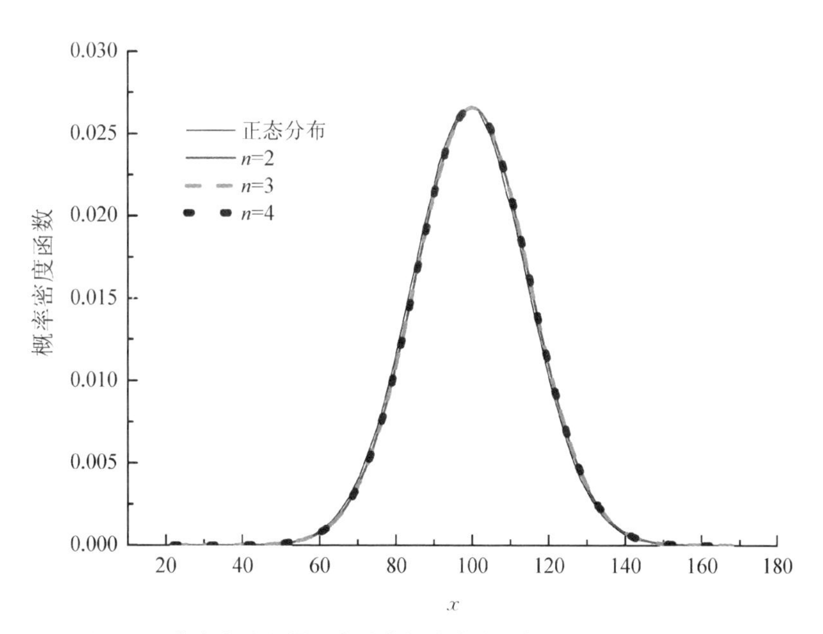

图 3－5　本章方法所得正态分布概率密度函数近似值和理论解比较

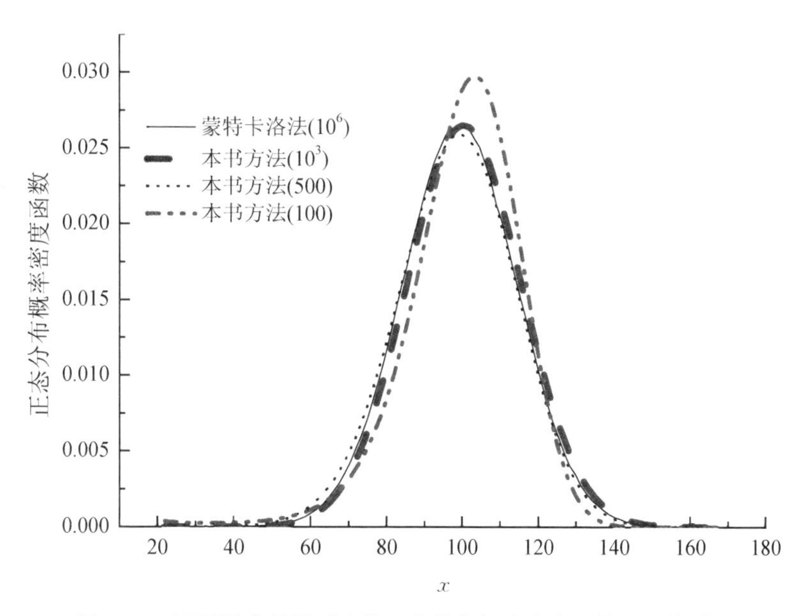

图 3－6　不同样本数量对应的正态分布概率密度函数近似值对比

图 3－6 表示不同样本数量对应的正态分布概率密度对比情况，取 $n=3$。图中括号内的数字表示样本点的个数，也就是式(3－25)—式(3－27)中 M 的取值。从图中可以看出，当 $M=100$ 时，本章方法所得结果和理论解存在一定差别；当 $M=500$ 时，本章方法所得结果和理论解已相当接近；当 $M=1\,000$ 时，本章方法所得结果和理论解几乎一致。

为了提高本章方程式(3－24)求解的稳定性，笔者对随机函数进行了标准化处理，详见本章 3.3.3 节。为说明其有效性，本节分别求解了经标准化处理后方程式(3－32)的解和未经标准化处理时方程式(3－24)的解，详细结果列于表 3－2。从表 3－2 中可以看到，当未进行标准化处理时，针对 $n=2$，3 时，即考虑到随机变量的 2 阶矩或 4 阶矩时，方程式(3－24)的求解稳定；但是，针对 $n=4$ 时，即考虑到随机变量的 6 阶矩时，方程式(3－24)所得结果已偏离实际情况，常数 $e^{a_0}=c$ 已不收敛。相反，经过标准化处理后，不仅在 $n=2$，3 的情况下，方程式(3－32)的求解稳定，且在 $n=4$，其结果依然可靠(可参考图 3－5)。观察常数 $e^{a_0}=c$ 可以发现，$n=2$，3，4 时，经过标准化处理后，该值一直稳定在 0.399。

表 3－2　是否进行标准化处理所得正态分布概率密度函数系数近似值对比

系数求解	$n=2$		$n=3$		$n=4$	
	未标准化	标准化	未标准化	标准化	未标准化	标准化
a_1	4.44E−01	−4.68E−13	4.42E−01	−1.38E−03	−4.22E+02	−8.33E−04
a_2	−2.22E−03	−5.00E−01	−2.19E−03	−5.00E−01	6.58E+00	−5.00E−01
a_3	—	—	−9.75E−08	4.61E−04	−4.46E−02	2.78E−04
a_4	—	—	—	—	1.11E−04	5.52E−05
$e^{a_0}=c$	6.13E−12	3.99E−01	6.38E−12	3.99E−01	—	3.99E−01

(2) 对数正态分布

符合对数正态分布随机变量的均值取 10，标准差为 1。类似正态分布，分别探讨了原点矩、样本数量、标准化处理对本章基于最大熵的概率密度预测方法的影响，具体如图 3 - 7、图 3 - 8 和表 3 - 3 所示。

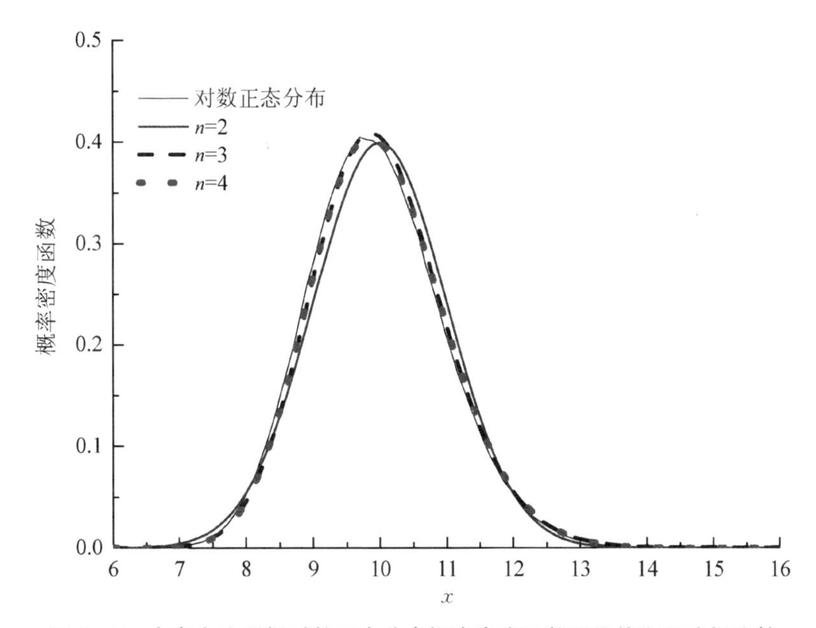

图 3 - 7　本章方法所得对数正态分布概率密度函数近似值和理论解比较

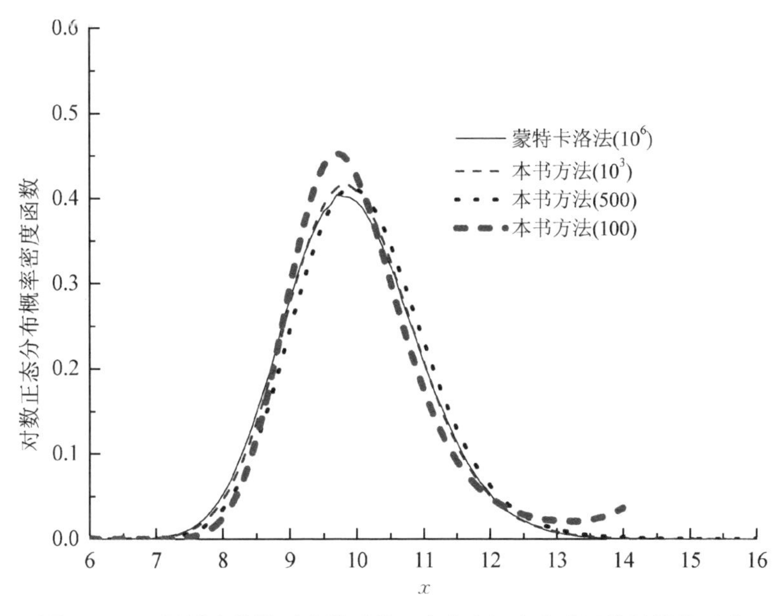

图 3 - 8　不同样本数量对应的对数正态分布概率密度函数近似值对比

表 3-3　是否进行标准化处理所得对数正态分布概率密度函数系数近似值对比

系数求解	$n=2$		$n=3$		$n=4$	
	未标准化	标准化	未标准化	标准化	未标准化	标准化
a_1	9.98E+00	4.17E−13	2.48E+01	−1.47E−01	−4.99E+04	−1.56E−01
a_2	−4.99E−01	−5.00E−01	−1.97E+00	−5.22E−01	7.39E+03	−4.97E−01
a_3	—	—	4.83E−02	4.89E−02	−4.81E+02	5.36E−02
a_4	—	—	—	—	1.16E+01	4.30E−03
$e^{a_0}=c$	8.24E−23	3.99E−01	4.02E−44	4.05E−01	—	4.00E−01

从图 3-7、图 3-8 和表 3-3 可以看出约束条件包含更高阶的统计矩信息，本章预测方法和理论值越靠近；随着样本数量增加，本章方法所得结果越靠近理论解，当 $M=1\,000$ 时，本章方法所得结果和理论解几乎一致；经过标准化处理后，基于最大熵的概率密度函数更稳定。

与之类似，本章还比较了韦伯(Weibull)分布(比例参数 $\lambda=3$，形状参数 $k=6$)、Gamma 分布(形状参数 $a=15$，尺度参数 $b=3$)和极值(Extreme Value)分布(位置参数 $\mu=-2$，尺度参数 $\sigma=2$)的情况。结论类似于正态分布和对数正态分布，具体如图 3-9—图 3-11 所示。

2. 基于最大熵的随机细观力学模型验证

同第 2 章，为了验证本章的随机细观力学模型，采用 Parameswaran 和 Shukla 的试验数据(Parameswaran 和 Shukla，2000)进行对比验证。试验数据参考第 2 章。

图 3-12 表示本章随机细观力学模型预测的杨氏模量统计特征和 Parameswaran 和 Shukla(2000)的试验数据对比情况。图中均值 E_{In}^* 表示基于本章随机细观力学模型所得杨氏模量的均值；$me(E_{\text{In}}^*)+2sd(E_{\text{In}}^*)$ 和 $me(E_{\text{In}}^*)+4sd(E_{\text{In}}^*)$ 分别表示基于本章随机细观力学模型所得杨氏模量的均值加上 2 倍的标准差和 4 倍的标准差。从图中可以看出，试验数据几乎

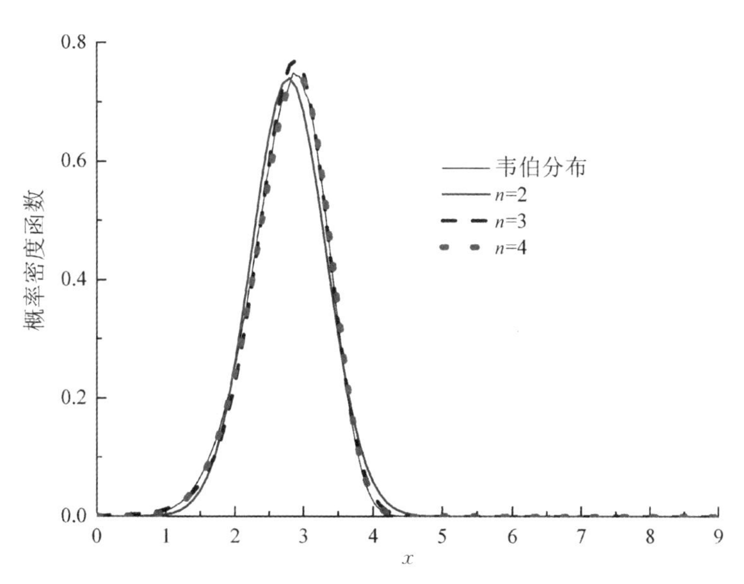

图 3－9　本章方法所得韦伯分布概率密度函数近似值和理论解比较

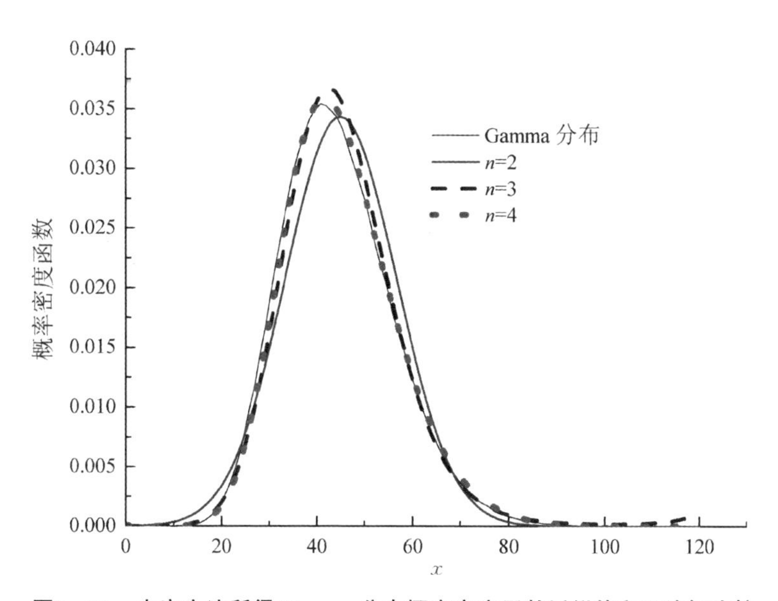

图3－10　本章方法所得 Gamma 分布概率密度函数近似值和理论解比较

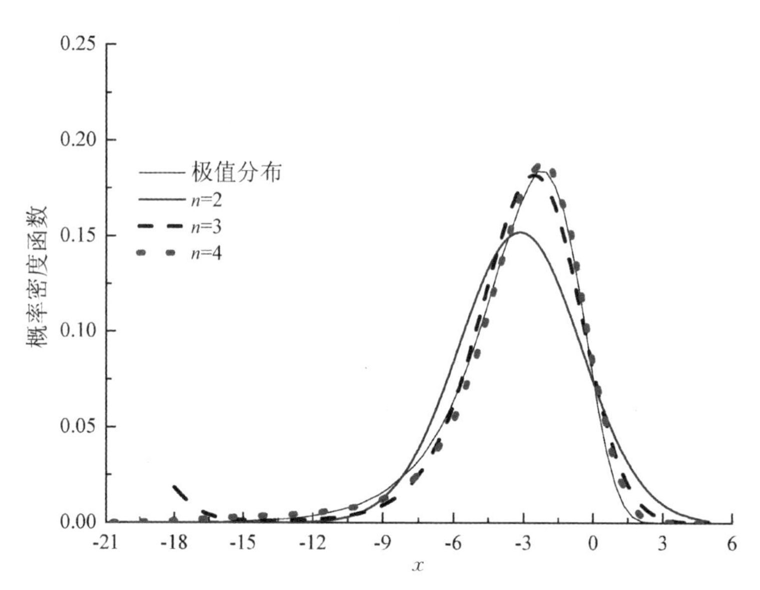

图 3-11 本章方法所得极值分布概率密度函数近似值和理论解比较

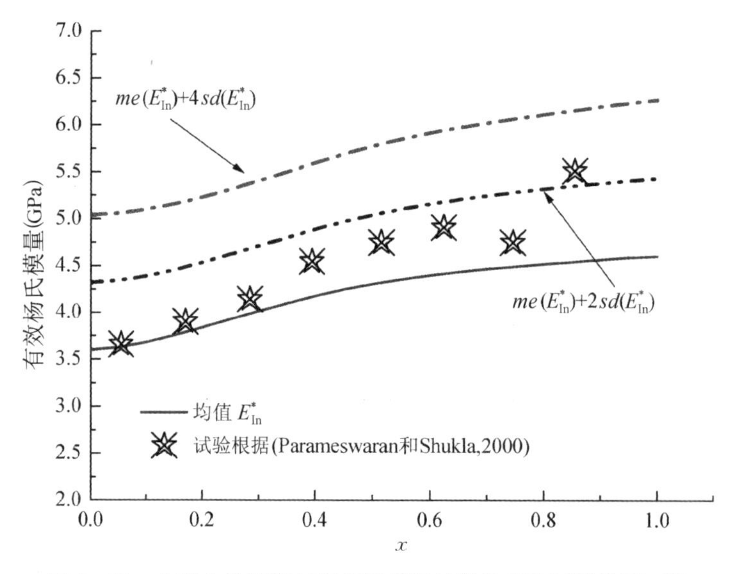

图 3-12 本章方法所得材料杨氏模量统计特征和试验数据对比

都落在均值和均值加上 2 倍标准差之间。

图 3－13 表示本章随机细观力学模型预测的剪切模量统计特征。图中均值 μ_{In}^{*} 表示基于本章随机细观力学模型所得剪切模量的均值；$me(\mu_{\mathrm{In}}^{*})+2sd(\mu_{\mathrm{In}}^{*})$ 和 $me(\mu_{\mathrm{In}}^{*})+4sd(\mu_{\mathrm{In}}^{*})$ 分别表示基于本章随机细观力学模型所得剪切模量的均值加上 2 倍的标准差和 4 倍的标准差；$me(\mu_{\mathrm{In}}^{*})-2sd(\mu_{\mathrm{In}}^{*})$ 和 $me(\mu_{\mathrm{In}}^{*})-4sd(\mu_{\mathrm{In}}^{*})$ 分别表示基于本章随机细观力学模型所得剪切模量的均值减去 2 倍的标准差和 4 倍的标准差。基于此图，可以大体上知道该材料剪切模量主要的分布区间。

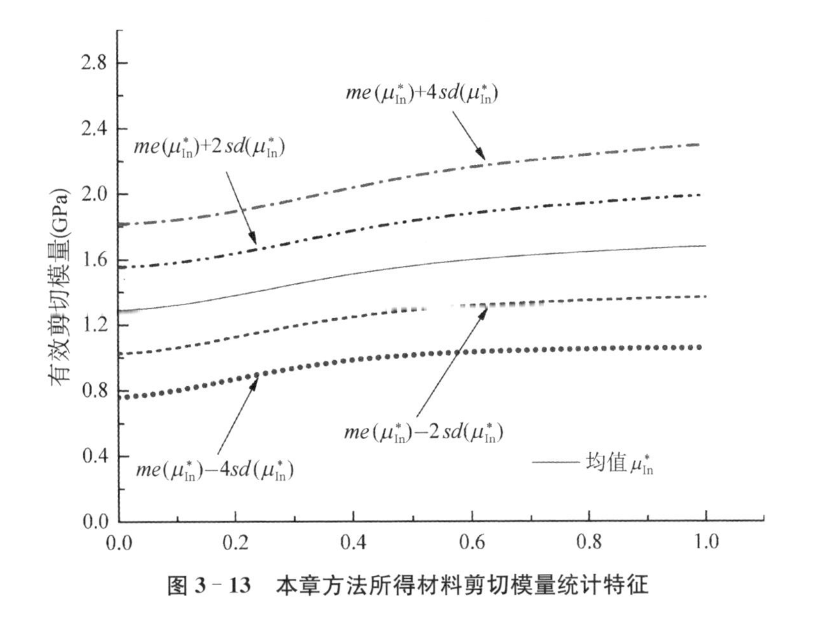

图 3－13　本章方法所得材料剪切模量统计特征

根据有效模量的高阶矩，可得基于最大熵的有效模量的概率密度函数。图 3－14 表示在位置 $x=X/t=0.5$ 处本书方法和蒙特卡洛法所得到的材料有效杨氏模量概率密度函数对比结果。图中 $n=2$，3，4 分别对应于本章方法中概率密度函数约束条件取到 2 阶、4 阶和 6 阶原点矩的情况；采用蒙特卡洛法计算时，样本点个数为 10^{6}，采用本章方法计算时，样本点

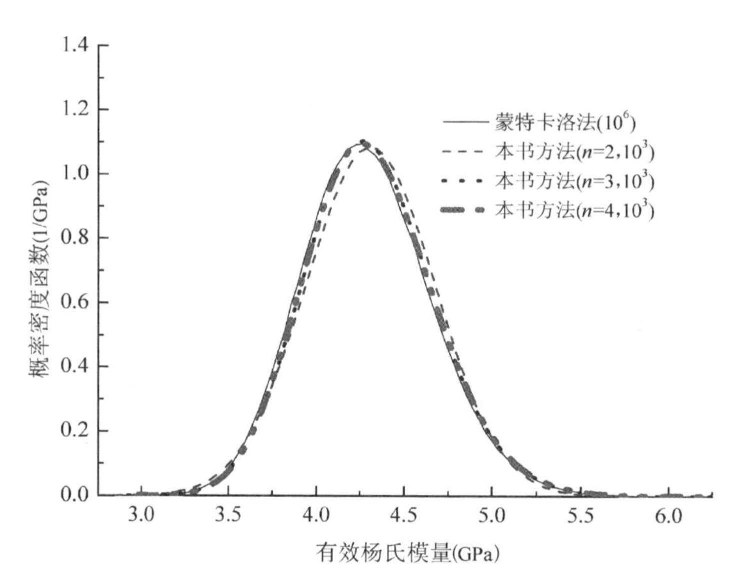

图 3-14　考虑不同阶原点矩所得杨氏模量概率密度函数比较

个数为 10^3。从图中可以看出，当 $n=3$ 或者 $n=4$ 时，本书方法和直接采用蒙特卡洛法结果基本一致；当 $n=2$ 时，本书方法也是一个较好的近似。

图 3-15 表示在位置 $x=X/t=0.5$ 处本书方法和蒙特卡洛法所

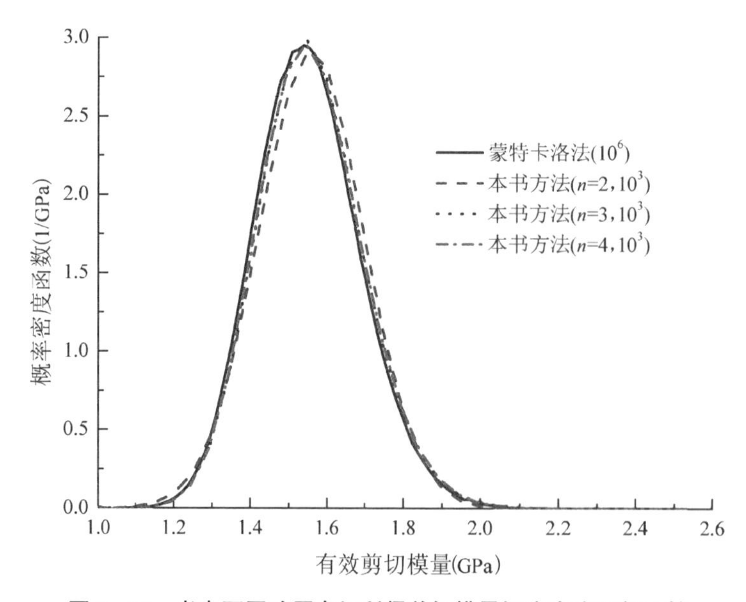

图 3-15　考虑不同阶原点矩所得剪切模量概率密度函数比较

得到的材料有效剪切模量概率密度函数对比结果。类似图 3-14 的情况，当 $n=3$ 或者 $n=4$ 时，本章方法获得的有效剪切模量概率密度分布和直接采用蒙特卡洛法结果基本一致；当 $n=2$ 时，本章方法也是一个较好的近似。

图 3-16 和图 3-17 表示采用上章模型(不考虑夹杂间相互作用)和本章模型(考虑夹杂间相互作用)所得的基于最大熵的有效杨氏模量和剪切模量概率密度函数($n=3$)与对应的蒙特卡洛模拟结果对比。其中蒙特卡洛模拟次数为 10^6，基于最大熵方法的模拟次数是 10^3。从图中可以看出，① 无论是否考虑夹杂间相互影响，基于最大熵有效杨氏模量的概率密度函数和对应的直接采用蒙特卡洛法所得结果一致；② 相比其他算例，是否考虑夹杂影响对本算例材料有效模量概率分布影响不大，其原因是夹杂的力学参数和基体的相差不大。

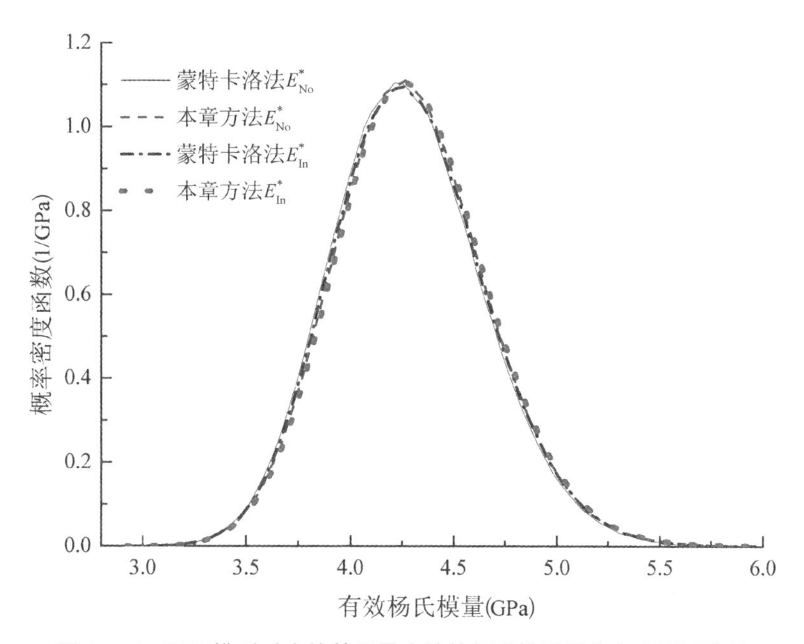

图 3-16　不同模型对应的基于最大熵的杨氏模量概率密度预测比较

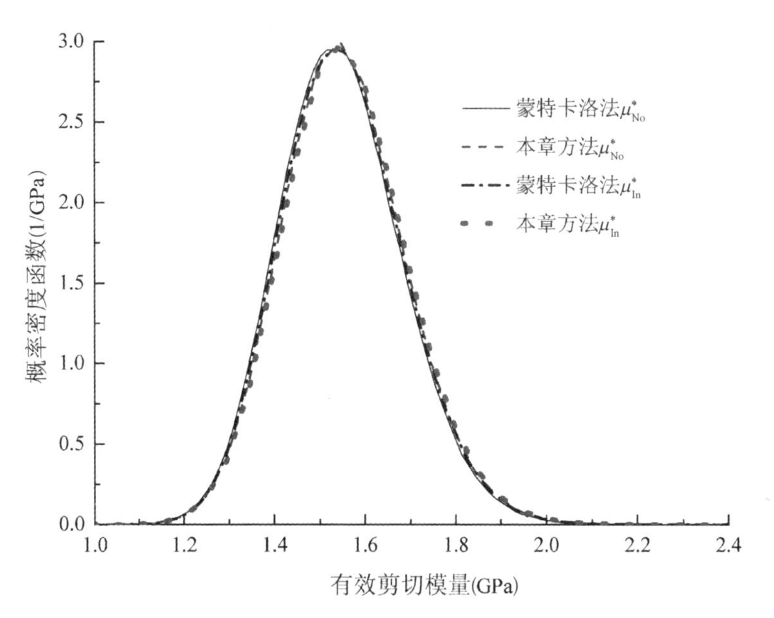

图 3-17　不同模型对应的基于最大熵的剪切模量概率密度预测比较

3.5　本章小结

以第 2 章内容作为基础，本章提出基于最大熵的两相材料随机细观力学模型。通过数值算例，可以得出以下几点结论：

(1) 考虑夹杂间相互作用后，本章的细观力学模型能更好地吻合试验结果，尤其是在夹杂含量较高的情况下，本章结果更符合试验结果；当夹杂和基体的性质相差不大时，是否考虑夹杂的影响，对于材料有效模量的预测影响不大。

(2) 经过标准化处理后，基于最大熵的概率密度函数更为稳定；当考虑到有效模量的 4 阶矩或者 6 阶矩时，基于最大熵的概率密度函数和蒙特卡洛方法所得结果基本一致；在获取统计矩时，随着样本点数量的增加得到的概率密度函数更精确，当采用 1 000 个样本点时，本章模拟结果和直接采用蒙特卡洛法结果基本一致。

(3) 对比试验数据，本章的随机细观力学模型，可以较好地预测材料宏观性能的概率特征，包括有效模量的均值、标准差和概率密度函数等。

第4章 电化学沉积修复混凝土试验研究

由于周围环境作用或者自身缺陷，钢筋混凝土结构常带(微)裂缝工作，这严重影响了钢筋混凝土结构的耐久性和力学性能。根据裂缝形成的原因与环境条件，人们已经提出了许多修复方法，如灌浆修复、密封修复、微胶囊修复、细菌修复等方法。然而，这些方法对水环境中既有钢筋混凝土结构裂缝的修复仍存在很大的局限性。电化学沉积方法是最近兴起的水环境下钢筋混凝土结构修复方法之一，它充分利用钢筋混凝土自身特性及水环境条件，施加一定的弱电流，产生电解沉积作用，在混凝土结构裂缝中、表面上生长并沉积一层化合物，填充、愈合混凝土的裂缝。然而，目前关于电化学沉积修复混凝土的探索还处在起步阶段，有必要对其进行更深入的研究。

4.1 电化学沉积修复混凝土试验总体思路

如何在实验室预制带裂缝混凝土试件以及有效评价钢筋混凝土裂缝的愈合效果一直是电化学沉积法修复钢筋混凝土裂缝研究的难点与热点(蒋正武等，2006)。针对这一情况，本章电化学沉积修复钢筋混凝土试验的总体思路如下：

1. 关于带裂缝钢筋混凝土试件制作

目前，钢筋混凝土裂缝的预置方法主要有加载预置法与盐侵蚀膨胀开裂法，详细请参考第1章电化学沉积修复混凝土研究现状。但这些方法产生的裂缝存在随机性，裂缝的宽度与取向无法控制，很难有效地进行系统评价。因此，为了有效地评价电化学沉积法修复钢筋混凝土裂缝的效果，本章采用多孔混凝土试件模拟带裂缝的钢筋混凝土试件(Jiang 等，2008)。通过预制较多孔隙来预设缺陷，通过孔隙率的演化、超声波速变化等对修复效果进行比对。

2. 关于评价钢筋混凝土裂缝的愈合效果

为了评价电化学沉积法修复多孔混凝土的效果，本章进行了一系列的宏微观试验。在宏观层次：

(1) 采用 Pundit Lab 超声检测仪，对修复过程多孔钢筋混凝土试件的超声波速度进行测量。

(2) 采用标准渗透仪分别对有、无修复的砂浆试件进行渗透试验。

(3) 采用微机控制电液伺服万能试验机，分别对有、无修复的多孔钢筋混凝土试件进行了抗弯和抗压试验。

在微细观层次：

(1) 采用阿基米德法测量了修复过程多孔混凝土试件的孔隙率演化。

(2) 采用医用电子计算机断层扫描(医学 CT)，观察了多孔混凝土内部的孔隙分布。

(3) 采用工业用电子计算机断层扫描(工业 CT)，观察了电化学沉积产物在孔隙中的分布。

(4) 采用扫描式电子显微镜(SEM)，观察电化学沉积产物的微观结构，同时，观察了产物和混凝土基体的粘结界面。

(5) 采用同步热分析仪(STA)，对电化学沉积产物进行成分测试。

本章电化学沉积修复混凝土的目的不仅在于证明该修复方法的可行

性和有效性，同时也为电化学沉积修复混凝土细观力学模型的建立（第 5，6 章）提供物理基础和试验验证。

4.2 修复试件制备与电化学修复试验装置设计

4.2.1 试件材料

试验所采用的水泥为海螺牌 32.5 复合硅酸盐水泥，如图 4－1 所示。粗骨料为安山岩，主要采用粒径为 5～10 mm 的碎石，如图 4－2 所示。细骨料粒径范围为 2.5～5 mm，如图 4－3 所示。砂子为中砂，细度模数为 2.3，如图 4－4 所示。

图 4－1 复合硅酸盐水泥

图 4－2 粗骨料

图 4－3 细骨料

图 4－4 中砂

4.2.2　试件配比及尺寸

本试验试件主要分为两类：一类为多孔钢筋混凝土试件，其尺寸为 10 cm×10 cm×30 cm，为了进行电化学沉积修复反应，将导线和钢筋笼连接(图 4－5)。钢筋笼制作采用光圆钢筋，直径为 8 mm(图 4－6)。

图 4－5　修复多孔钢筋混凝土试件

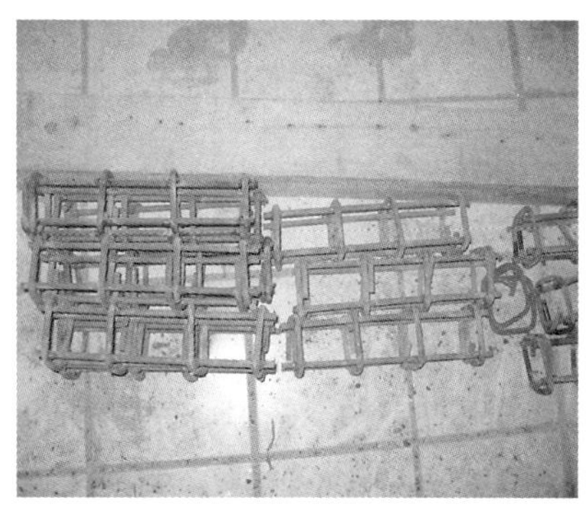

图 4－6　钢筋笼

钢筋笼位于试件中部，保护层厚度为 20 mm，如图 4－7 所示。

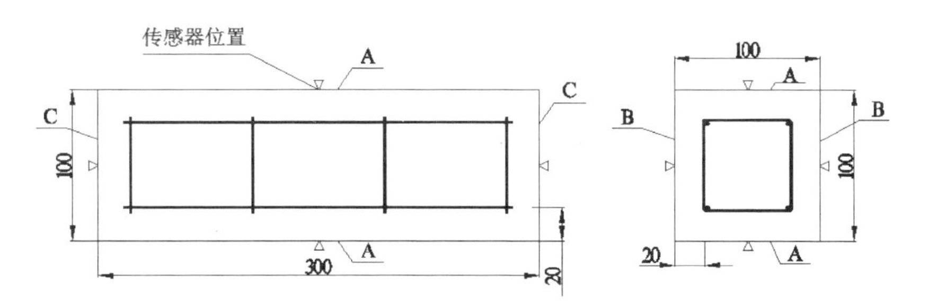

图 4－7　钢筋笼位置示意图(图中三角形为超声检测时传感器位置)

多孔混凝土的材料配比参见表 4－1。

表 4－1　多孔混凝土材料配合比(kg/m^3)

水　泥	骨　料		水
	2.5～5 mm	5～10 mm	
350	315	1 260	105

另一类为标准抗渗试验所使用的砂浆试件，6 个 1 组。其材料配合比为：水∶水泥∶中砂＝0.4∶1∶3。

此类试件上口直径 70 mm，下口直径 80 mm，高度 30 mm，为了进行电化学沉积反应，在试件中部插入钢筋作为阴极，如图 4－8 所示。为了防止修复过程沉积物集中于钢筋上，在连接导线之前，在钢筋和试件接触的底部进行绝缘处理（对比图 4－8 和图 4－9，可以发现钢筋底部变为白色），如图 4－9 所示。

图 4－8　刚拆模的标准抗渗砂浆试件

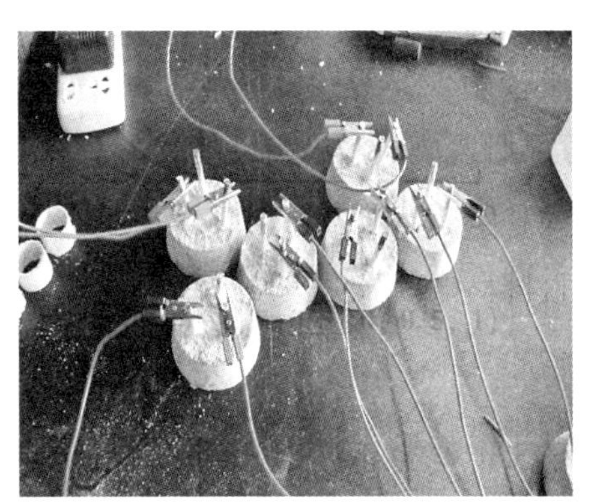

图 4－9　用于修复的标准抗渗砂浆试件

4.2.3　电化学修复装置及修复环境设计

电化学沉积法修复钢筋混凝土裂缝的试验装置如图 4－10 所示。其修复裂缝的原理是：利用钢筋混凝土自身特性与水环境条件，以矿物化合物作为电解质溶液，以混凝土结构中钢筋为阴极，并在混凝土结构附近设置一定面积的阳极，形成闭合回路；而后在阴阳两极之间施加一定的直流电压，电极之间的电压会使得阴离子聚集在阳极、阳离子聚集在阴极。因而电极反应生成的产物与从溶液迁移至钢筋附近的阳离子反应，生成不溶晶体，通过电解沉积作用，在混凝土结构裂缝内生长，从而填充、密实混凝土的裂缝（蒋正武等，2004）。

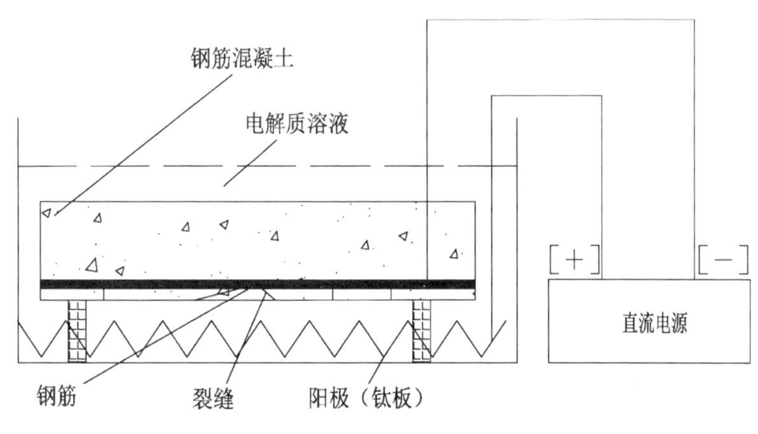

图 4－10　电化学沉积修复示意图

本次试验电源采用 PS－3020 直流电源，如图 4－11 所示。阳极采用钛板，如图 4－12 所示。

图 4－11　直流电源

图 4－12　钛板

试验参数设置：电化学修复介质为 $Mg(NO_3)_2$ 溶液，电解质溶液浓度为 0.2 mol/L。为了维持修复过程溶液浓度不变，每两周更换一次电解质溶液。电流为 0.16 A。两类试件电化学反应装置如图 4－13 和图 4－14 所示。其试验步骤如下：

(1) 在转换箱底部放入钛板，并加上 3～5 cm 的垫块；修复试件放在垫块之上；

(2) 将钛板和电源正极相连，将试件内部钢筋(笼)和电源阴极相连，形成闭合回路；

(3) 加入已配置好的电解质溶液，打开电源开关，进行电化学沉积修复试验。

图 4-13　多孔混凝土电化学沉积修复图

图 4-14　抗渗砂浆电化学沉积修复图

4.3　评估电化学沉积修复效果的试验方法和设备

4.3.1　超声波检测试验

本试验超声检测采用瑞士生产的 Pundit Lab 超声检测仪，如图 4-15 所示。

Pundit Lab 主要包含：显示设备、2 只传感器(54 kHz)、2 根长 1.5 m的 BNC 电缆、耦合剂、校准棒、带 USB 数据线的 USB 充电器等。其基本测量包含脉冲波速和路径测量两个部分。本试验是进行脉冲波速测量，即在测量之前设置好测量距离，然后根据传播时间，进行脉冲波速计算。

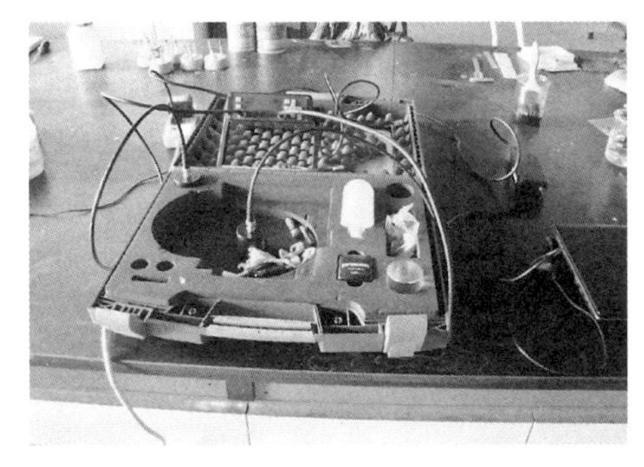

图 4 - 15　Pundit Lab 超声检测仪

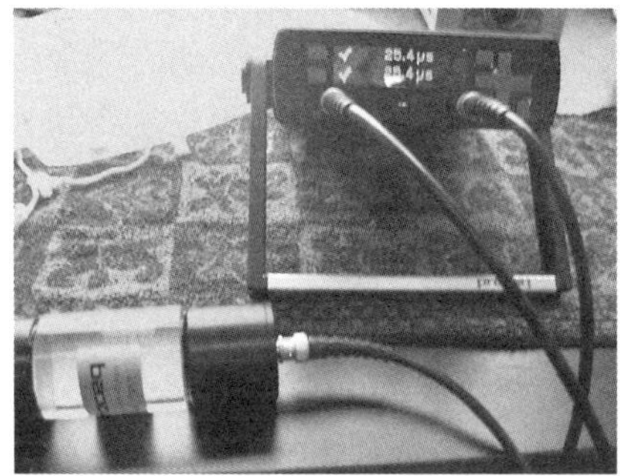

图 4 - 16　Pundit Lab 归零

为了消除系统误差，在进行脉冲波速测量前，需利用其提供的校准棒进行归零处理，如图 4 - 16 所示。

在测量时，为了确保传感器与待测面充分地耦合，须在传感器和测试面上涂一层耦合剂，如图 4 - 17 所示。

如果需要获取测量的波形图时，可以将超声检测仪同电脑连接，进行实时监测，如图 4 - 18 所示。

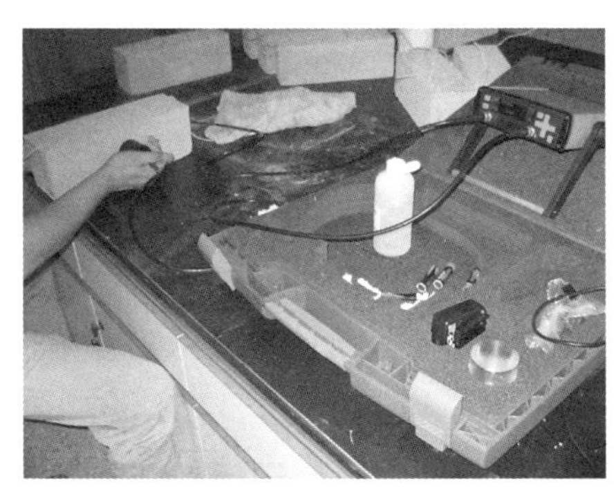

图 4 - 17　Pundit Lab 检测

图 4 - 18　Pundit Lab 实时监测

获取超声波速度后，可以根据式(4 - 1)计算试件的动弹性模量：

$$E_{\mathrm{d}} = \rho R^{2}(1+\nu)(1-2\nu)/(1-\nu) \tag{4-1}$$

式中，E_{d}是材料的动弹性模量；ρ 是材料的密度；ν 是材料的泊松比；R 是超声波速度。当试件为混凝土材料时，考虑其泊松比在 0.2 左右，可以将式(4－1)作如下的简化(Kewalramani 和 Gupta，2006)：

$$E_d = \rho R^2 \tag{4-2}$$

如果测量点选择不当，试件内部钢筋(笼)将影响超声检测的精度(钢筋的超声波速大于混凝土)，因此，在进行超声检测时，将传感器的位置放于测量表面的中点位置，如图 4－7 所示。

为了综合考虑电化学沉积修复作用，在进行超声试验时，检测了试件三对平行表面之间的超声波速度。在进行动弹性模量计算时，文章采用三者的平均值。为了表述方便，定义 100 mm 间距的两对平面分别为A－A面和B－B 面，间距为 300 mm 的一对平行表面为 C－C 面，详细可以参考图 4－7。

4.3.2 孔隙率测量试验

原则上，按照 *Standard Test Method for Density, Absorption, and Voids in Hardened Concrete* (ASTM C642－06)，混凝土的孔隙率可以根据下式进行计算：

$$P_T = \frac{\rho_a - \rho_d}{\rho_a} \times 100\% \tag{4-3}$$

式中，P_T表示混凝土总的孔隙率；ρ_a 为混凝土试件的绝对密度(absolute density)；ρ_d是干体积密度(dry bulk density)。然而，绝对密度的获取是需要将试件磨成足够小的粉末，直到试件不存在不可渗透的孔隙为止。显然，采用这种方法来检测修复过程混凝土的孔隙率不便于操作。因此，本书采用阿基米德法(蒋正武等，2008)测量修复混凝土的孔隙率，其计算公式如下：

$$P_T = \left(1 - \frac{B - A}{\rho_w V}\right) \times 100\% \tag{4-4}$$

式中，B 为混凝土试件经烘箱（80℃）干燥 24 h 后的质量；A 为试件的悬浮质量，即为试件全部淹没在水中的质量；ρ_w 是水的密度；V 是试件的体积。试验中采用的烘箱如图 4－19 所示；质量采用精度为 1 g 的电子秤进行测量，如图4－20所示。

图 4－19　烘箱

图 4－20　电子秤

4.3.3　电化学沉积产物微观结构与分布观察试验

电子计算机断层扫描（Computerized Tomography，CT）技术作为一种无损伤检测技术，已在医学和工业领域广泛应用。近年来，CT 技术也被应用于混凝土微观结构的观察。其原理是：由于混凝土各组成部分物理密度不同，反映在 CT 图像上各点的 CT 数也不同，从而形成骨料、砂浆、孔洞等灰度不同的影像图。本书采用医学 CT，如图 4－21 所示，观察了多孔混凝土的孔隙分布，试验样品采用未修复的多孔钢筋混凝土试件；采用工业 CT 观察了电化学沉积产物在孔隙中的分布，试验样品采用已修复两周的多孔钢筋混凝土试件。

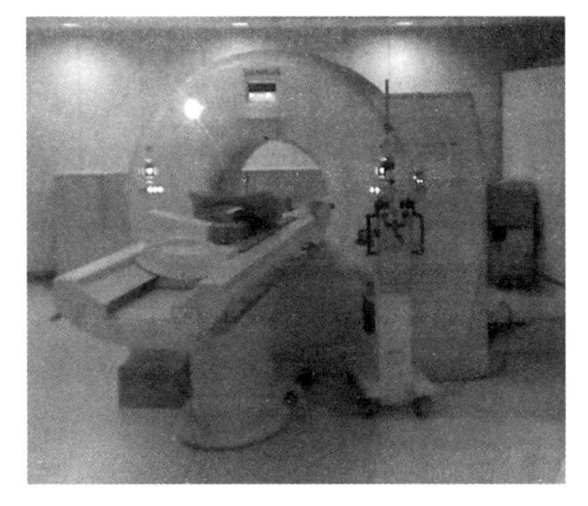

图 4－21　医学 CT 机

扫描电子显微镜(Scanning Electron Microscope),简称扫描电镜(SEM)。是一种利用电子束扫描样品表面从而获得样品信息的电子显微镜。它能产生样品表面的高分辨率图像,且图像呈三维。试验采用扫描电镜(S-2360N)(图4-22)观察了电化学沉积产物的微观结构,试验样品采用附着于修复试件上的电化学沉积物质;同时,也观察了电化学沉积产物和混凝土基体粘结界面的微观结构,试验样品采用受压破坏后附有沉积产物的混凝土颗粒。采用同步热分析仪(STA449)(图4-23)观察了电化学沉积产物在高温下的特性,以判断其成分,试验样品采用电化学沉积产物粉末。

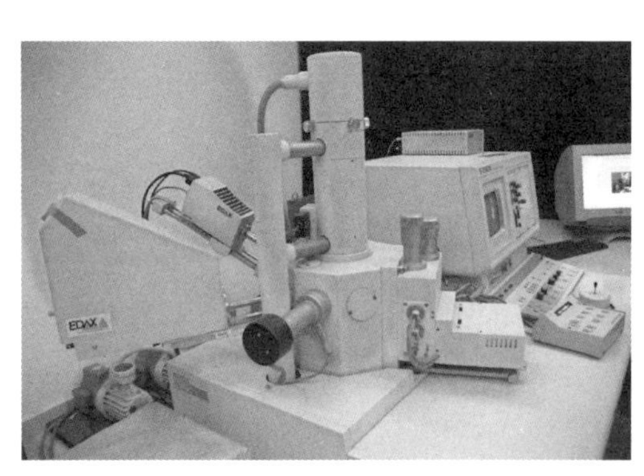

图4-22　扫描电镜

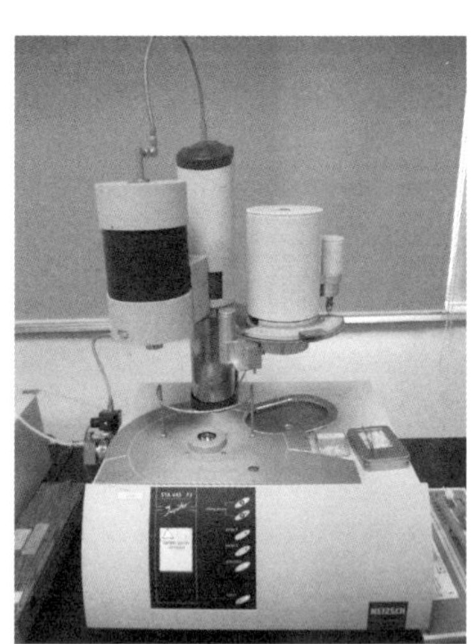

图4-23　同步热分析仪

4.3.4　渗透试验

渗透性能是评价电化学沉积修复作用的一个重要指标,国内外学者都有过相关的探索。区别于以往的电化学沉积修复试件的变水头渗透试验,本试验采用标准渗透砂浆试件,利用标准渗透仪进行测试,如图4-24所示。

图 4 - 24　标准渗透仪

4.3.5　力学试验

依据《普通混凝土力学性能试验方法标准》(GB/T 50081 - 2002)，采用同济大学材料学院 60T 微机控制电液伺服万能试验机(型号：SHT5605)，分别对修复和未修复的多孔混凝土试件进行了抗压试验，如图 4 - 25 所示。

同时，采用微机控制电子万能试验机(型号：CMT5504)对修复和未修复试件进行了三点弯试验，如图 4 - 26 所示。

图 4 - 25　受压测试

图 4 - 26　三点弯试验

4.4 电化学沉积修复混凝土的试验结果与分析

4.4.1 超声波速度

超声波试验时间选择为试件修复 0 d,14 d 和 35 d 后;测量对象共有 13 个试件,每个试件分别测试 3 对平面;试件状态为修复试件经干燥(80℃)24 h后,冷却至常温。图 4-27 表示所有试件(3 对平面)修复过程中超声波速度测量的结果。横坐标表示测量的平面对数(共 39 对),纵坐标表示超声波速度。正方形表示修复 0 d(修复前)试件的超声波速度;圆形表示试件修复 14 d 后的超声波速度;三角形表示试件修复 35 d 后的超声波速度。

由图 4-27 可以看出,尽管修复后不同测试平面间的超声波速度变化

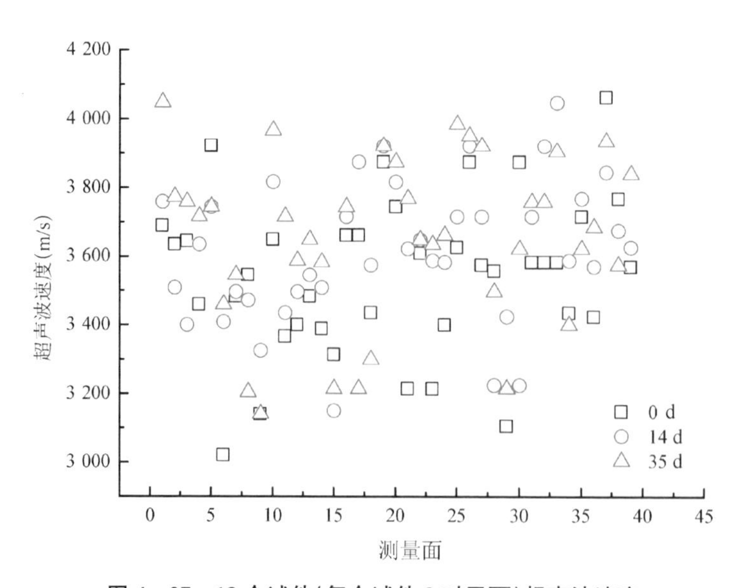

图 4-27 13 个试件(每个试件 3 对平面)超声波速度

的幅度有所不同，也存在修复后超声波速度变小的现象，但是，总体而言，经过修复后，超声波速度是呈现增长趋势，类似结论可参考 Jiang 等的研究（2008）。考虑单个试件，我们可以得到该试件三对表面间超声波速度随修复时间的变化情况，如图 4－28 所示。以试件 1 为例，该件 A－A 平面在修复前波速为 3 690 m/s；修复 14 d 后为 3 759 m/s；35 d 后为 4 049 m/s；对于其 B－B 平面而言，超声波速度从 3 636 m/s 降为 3 509 m/s 再增为 3 774 m/s。C－C平面速度则从 3 645 m/s 降为 3 401 m/s 再增为 3 759 m/s。当考察整个试件超声波速度时，取 3 对平面在同一时间段的平均值。与之类似，可由图 4－27 得到其他试件 3 个平面超声波速度演化情况。

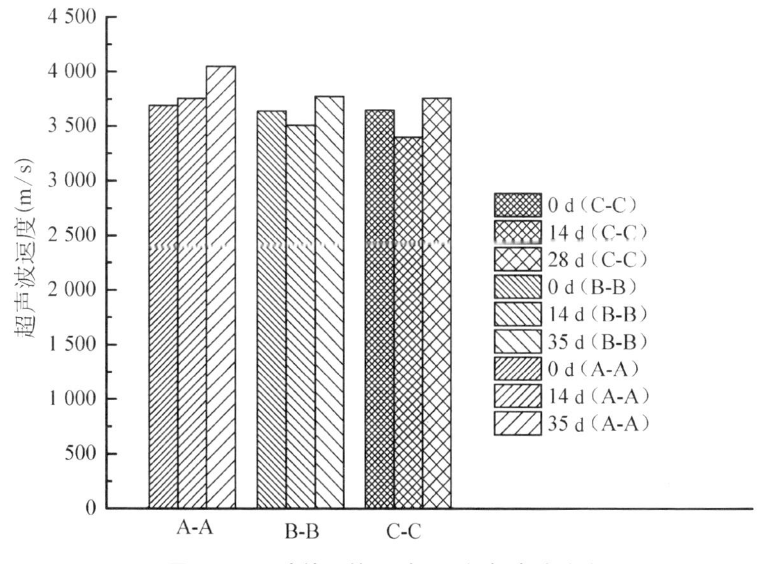

图 4－28　试件 1 的 3 对平面间超声波速度

图 4－29 是修复前（修复 0 天）这批试件的超声波速度分布直方图。从图中可以看出这批（39 次测量）试件超声波速度分布：落于区间 3 000～3 200 m/s的有 3 个；落于区间 3 200～3 400 m/s 的有 5 个；落于区间 3 400～3 600 m/s 的有 15 个；落于区间 3 600～3 800 m/s 的有 11 个；落于区间 3 800～4 000 m/s的有 4 个；落于区间 4 000～4 200 m/s 的有 1 个。

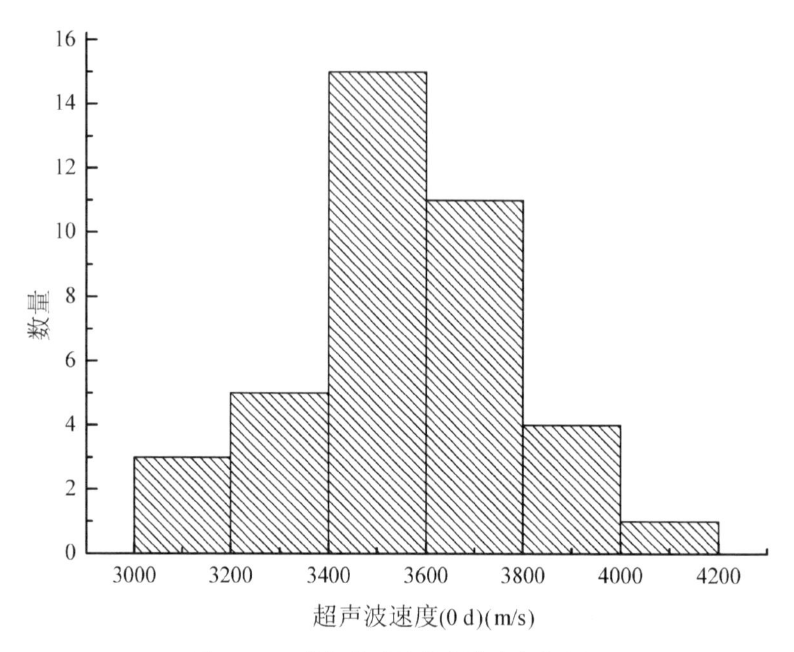

图 4-29　修复前试件超声波速度分布图

图 4-30 是修复 14 d 后这批试件的超声波速度分布直方图。从图中可以看出：经过 14 d 修复后，落于区间 3 000～3 200 m/s 的试件有 1 个，较修复前减少 2 个；落于区间 3 200～3 400 m/s 的有 3 个，较修复前减少 2 个；落于区间 3 400～3 600 m/s 的有 15 个；落于区间 3 600～3 800 m/s 的有 12 个，较修复前增加 1 个；落于区间 3 800～4 000 m/s 的有 7 个，较修复前增加 3 个；落于区间 4 000～4 200 m/s 的有 1 个。

图 4-31 是修复 35 d 后这批试件的超声波速度分布直方图。从图中可以看出：经过 35 d 修复后落于区间 3 000～3 200 m/s 的试件有 1 个，较修复前减少 2 个；落于区间 3 200～3 400 m/s 的有 5 个；落于区间 3 400～3 600 m/s的有 7 个，较修复前少 8 个；落于区间 3 600～3 800 m/s 的有 16 个，较修复前增加 5 个；落于区间 3 800～4 000 m/s 的有 9 个，较修复前增加 5 个；落于区间 4 000～4 200 m/s 的有 1 个。

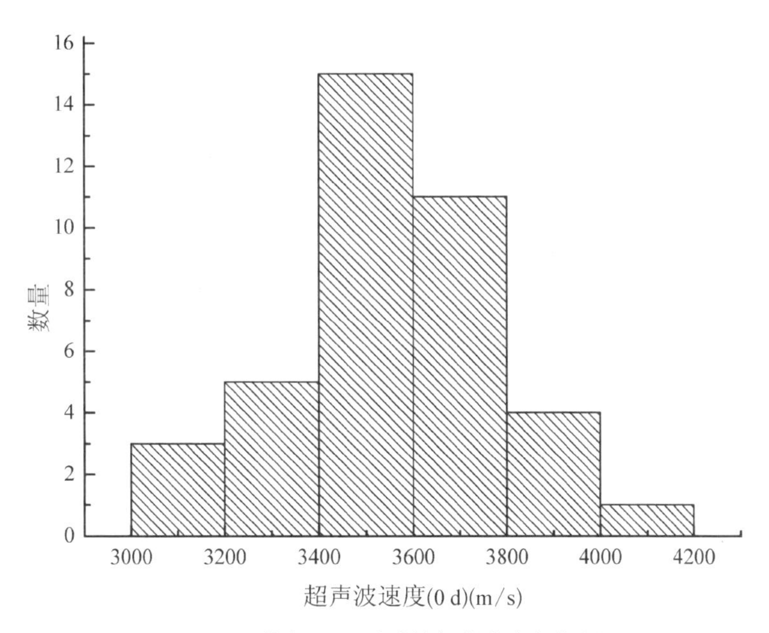

图 4－30　修复 14 d 后试件超声波速度分布图

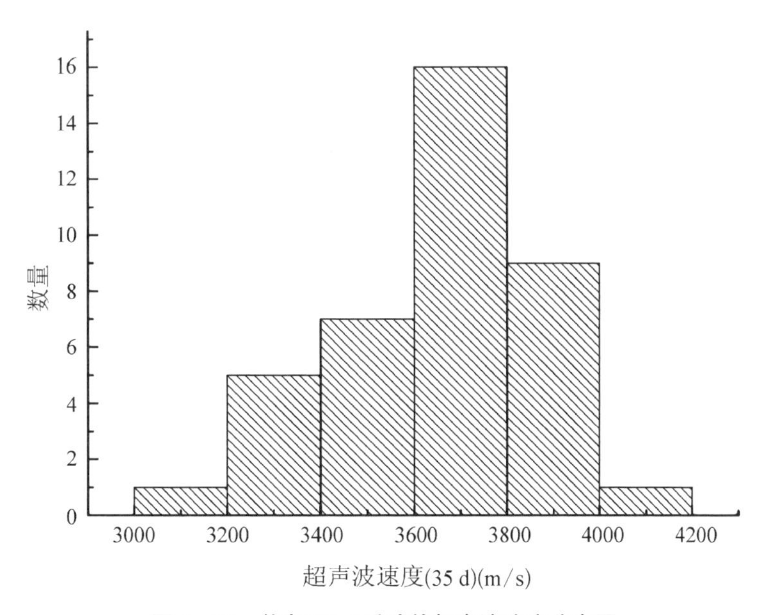

图 4－31　修复 35 d 后试件超声波速度分布图

分别将修复前、修复 14 d 和 35 d 后所测的超声波速度进行平均化处理,可以得到在修复前整体的平均值为 3 546 m/s(标准差为 230 m/s);修复 14 d 后,整体的平均值为 3 617 m/s(标准差为 207 m/s);修复 35 d 后,整体的平均值为 3 656 m/s(标准差为 243 m/s)。整个修复过程平均超声波速度的变化,如图 4-32。

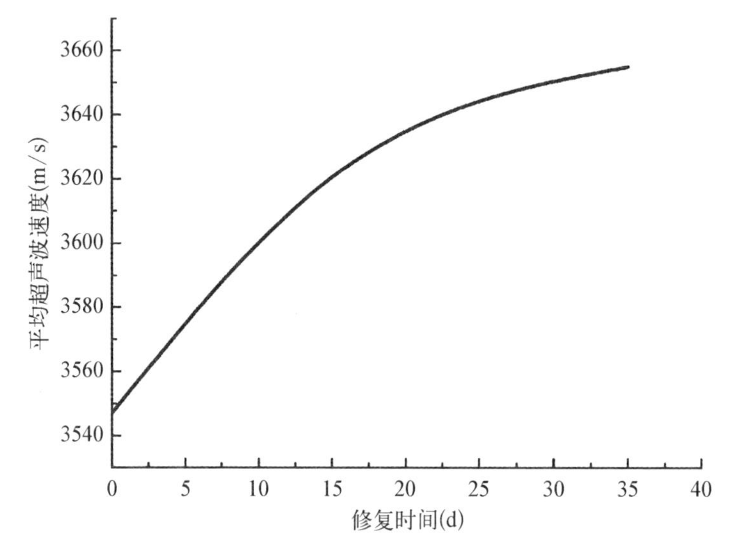

图 4-32　修复过程平均超声波速度变化图

图 4-33 表示在潮湿情况下(修复后,未经干燥处理),试件 1 在 A-A 方向上的波形图。从图上可知,在潮湿状态下,超声波传递的时间为 23.2 μs,该试件的超声波速度为 4 310 m/s。

图 4-34 表示在干燥情况下,试件 1 在 A-A 方向上的波形图。从图上可知,在潮湿状态下,超声波传递的时间为 27.1 μs,该试件的超声波速度为 3 690 m/s。

对于其他试件的测量,也得到类似的结果。Yaman 等(2002)的研究同样表明含水量的增加将提高试件的超声波速度。

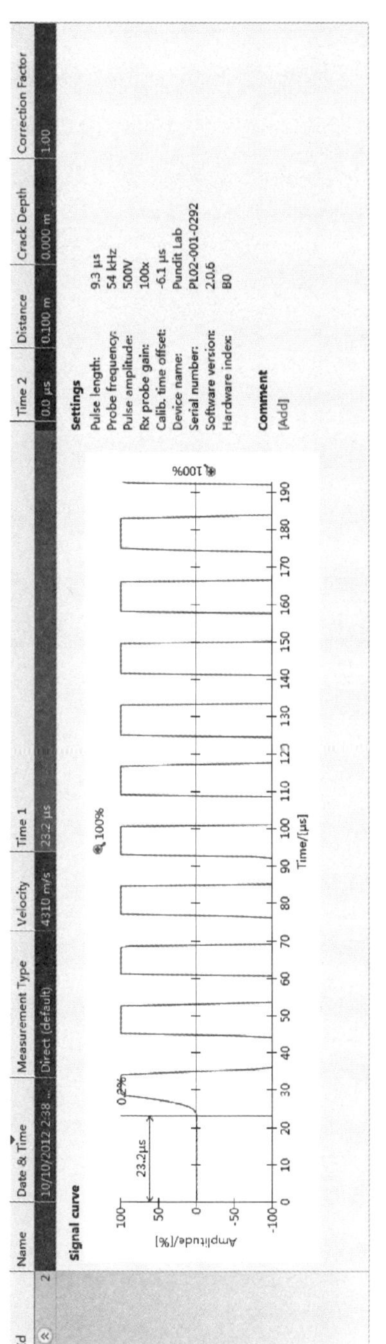

图 4－33　潮湿状态下试件超声波波形图

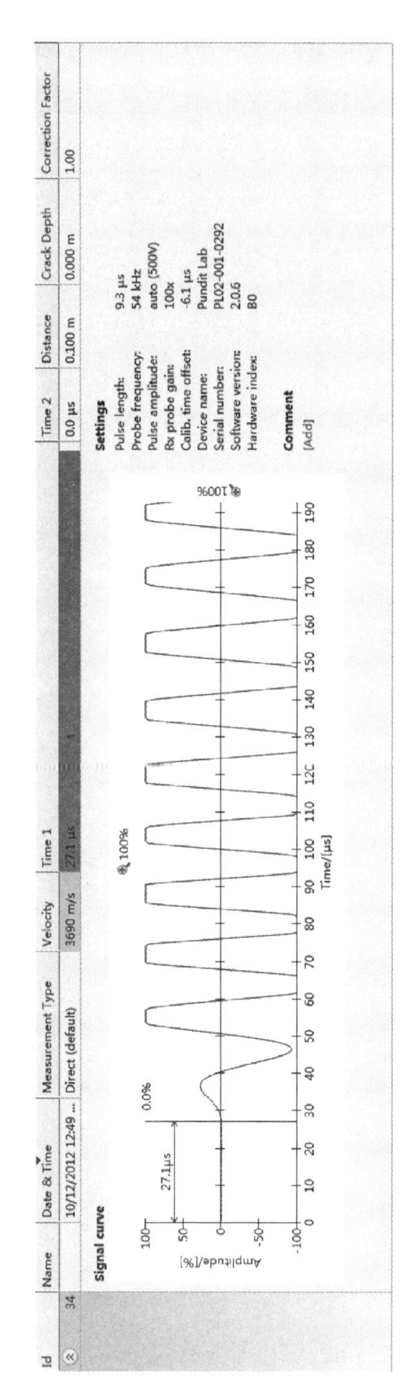

图 4－34　干燥状态下试件超声波波形图

4.4.2 孔隙率

图 4-35 表示试件孔隙率随修复时间的变化。从图中可以看出，除了个别试件出现修复后孔隙率增大的现象外（如试件 14，其在修复前孔隙率为 0.299 67，修复 14 d 后的孔隙率降为 0.237，而在修复 35 d 后却升为 0.240），绝大部分的试件在修复过程中，其孔隙率是下降的。以试件 1 和试件 2 为例，在修复前，试件 1 的孔隙率为 0.271 33，经过 14 d 修复后，其孔隙率是 0.233 17，经过 35 d 后，其孔隙率变为 0.214。而试件 2 在修复前的孔隙率为 0.276 17，经过 14 d 后，该值降为 0.248 67，35 d 后，试件 2 的孔隙率进一步降为 0.219 67。其他试件的变化情况也可从该图中看出。

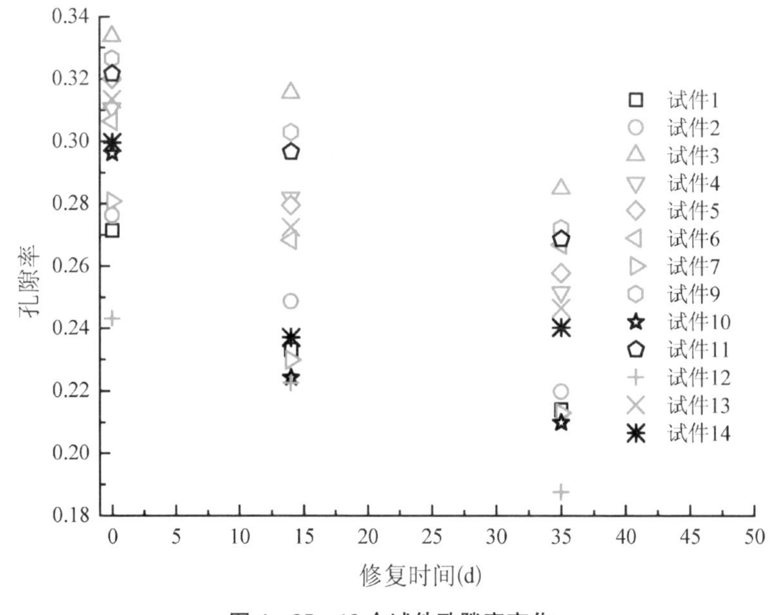

图 4-35　13 个试件孔隙率变化

类似地，对三个阶段的孔隙进行直方图处理，可以得到三个阶段这批试件的孔隙率分布情况。图 4-36 为修复前该批试件的孔隙率分布直方图。

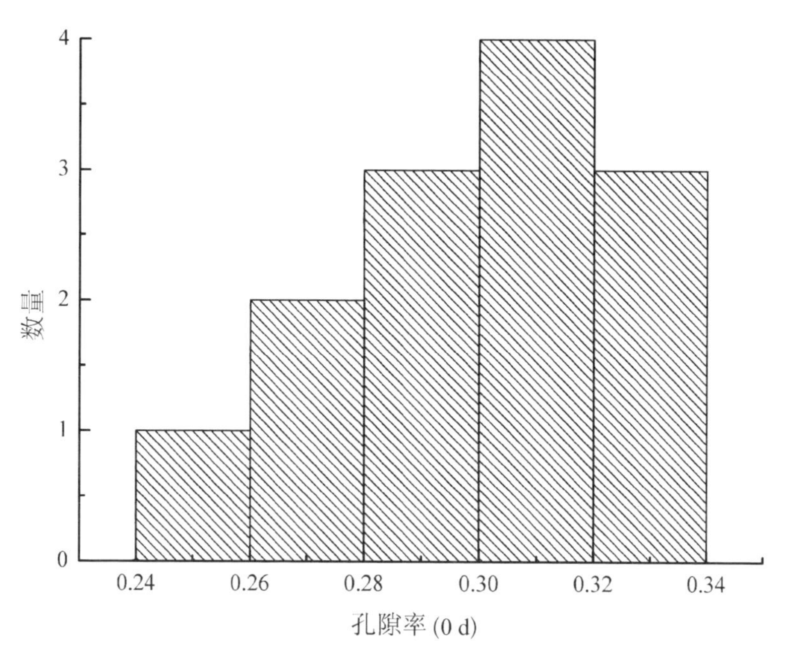

图 4－36　修复前试件孔隙率分布图

从图 4－36 中可以看出，在修复以前，孔隙率处于 0.24 到 0.26 之间的试件有 1 个；处于 0.26 到 0.28 之间的试件有 2 个；处于 0.28 到 0.30 之间的试件有 3 个；处于 0.30 到 0.32 之间的试件有 4 个；处于 0.32 到 0.34 之间的试件有 3 个。

图 4－37 为修复 14 d 后该批试件的孔隙率分布直方图。从图中可以看出，经过 14 d 修复后，孔隙率处于 0.22 到 0.24 之间的试件有 5 个；处于 0.24 到 0.26 之间的试件有 1 个；处于 0.26 到 0.28 之间的试件有 3 个；处于 0.28 到 0.30 与 0.30 到 0.32 之间的试件都为 3 个；已经不存在超过 0.32 的试件。

图 4－38 为修复 35 d 后该批试件的孔隙率分布直方图。从图中可以看出，经过 35 d 修复后，孔隙率处于 0.18 到 0.21 之间的试件有 2 个；处于 0.21 到 0.24 之间的试件有 3 个；处于 0.24 到 0.27 之间的试件有 6 个；处于 0.27 到 0.30 之间的试件都为 2 个；已经不存在超过 0.30 的试件。

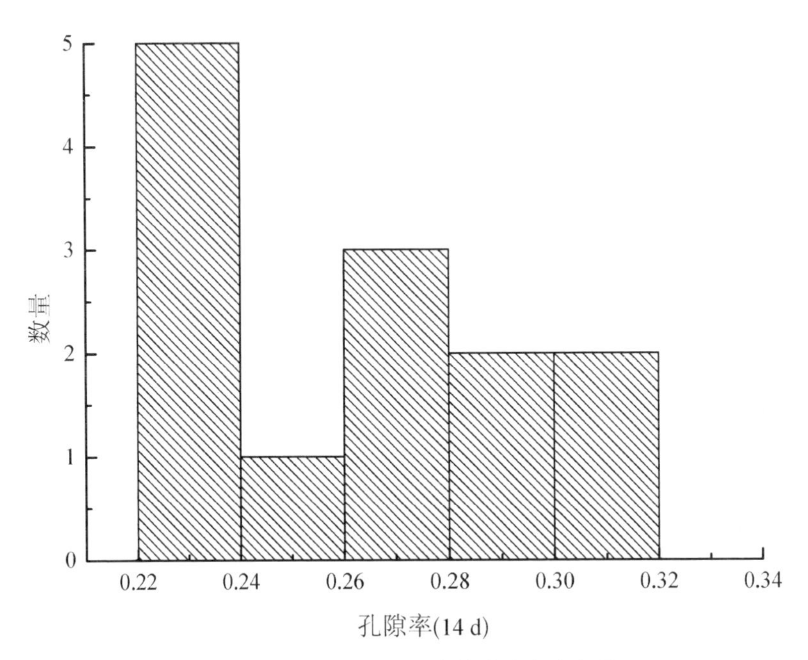

图 4-37　修复 14 d 后试件孔隙率分布图

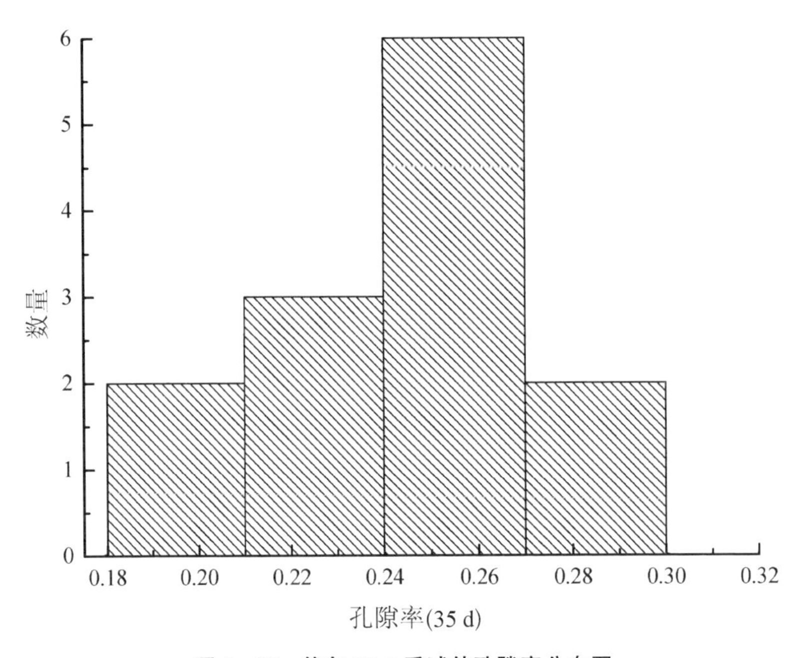

图 4-38　修复 35 d 后试件孔隙率分布图

分别将修复前、修复 14 d 和修复 35 d 后所测的多孔混凝土试件孔隙率进行平均化处理，可以得到在修复前所有试件的平均孔隙率为 0.299 9（标准差为 0.025 84）；修复 14 d 后，平均孔隙率降为 0.262 45（标准差为 0.031 9）；修复 35 d 后，平均孔隙率进一步降为 0.240 92（标准差为0.029 62）。整个修复过程试件平均孔隙率的变化如图 4－39 所示。

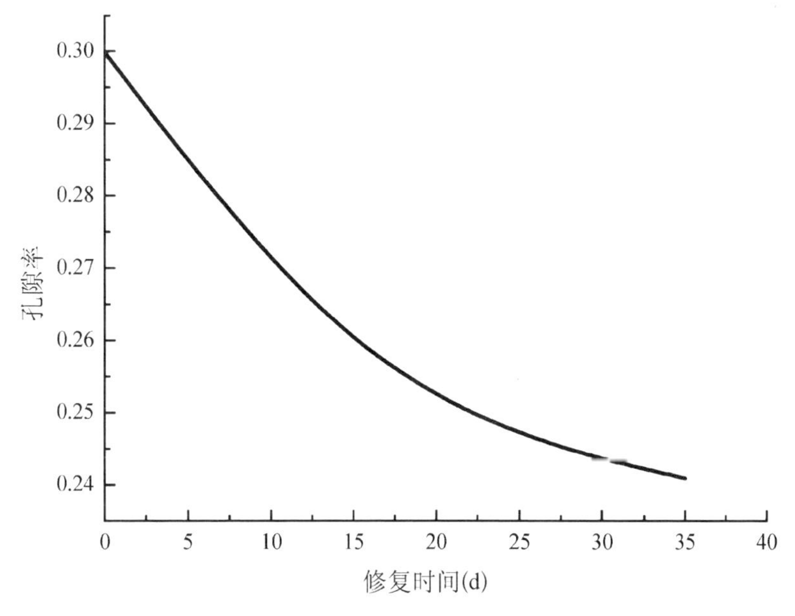

图 4－39　修复过程平均孔隙率变化图

4.4.3　电化学沉积产物的微观结构与分布

图 4－40 为采用医学 CT 获取的多孔混凝土内部孔隙的分布图。从图中可以看出，多孔混凝土的孔隙（图中白色部分）分布较为均匀。这为后面章节采用细观力学的方法求解修复混凝土的有效力学性能提供了物理基础。

图 4－41 为采用工业 CT 获取的多孔混凝土内部孔隙和电化学沉积产物分布图。从图中可以发现，电化学沉积产物是沿着孔隙表面分布（图中偏白色部分）。文章后面的 SEM 图像，将进一步说明沉积物的在孔隙表面的分布

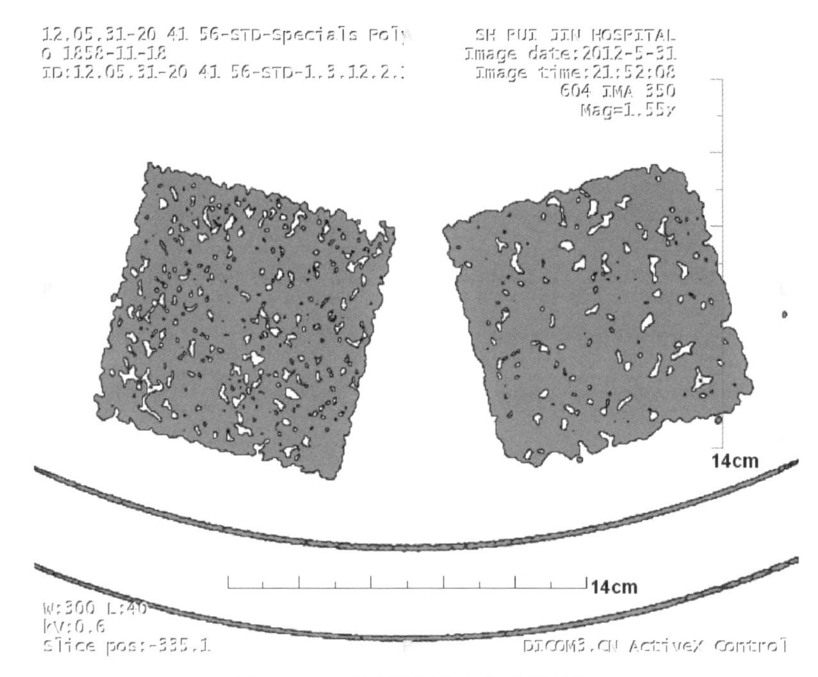

图 4－40　多孔混凝土内部孔隙结构

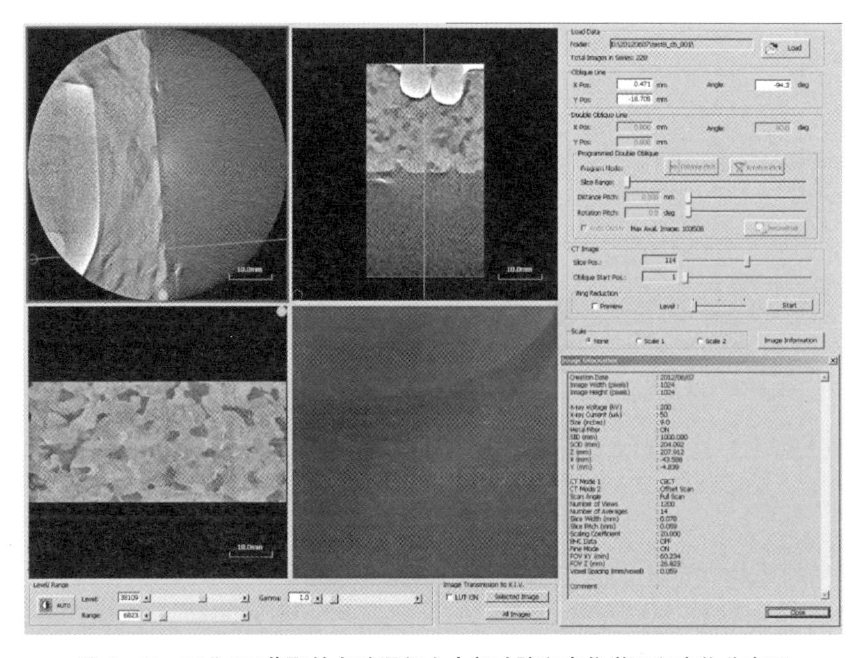

图 4－41　工业 CT 获取的多孔混凝土内部孔隙和电化学沉积产物分布图

情况。也正是基于此物理现象，本书在建立电化学沉积修复混凝土的微观力学模型时，假设电化学沉积物沿孔隙周边分布。

图 4 - 42 是电化学沉积产物微观结构的 SEM 显微照片。从图中可以看出，沉积产物颗粒小，结构紧密。电化学沉积产物的抗压强度可以到 80 MPa，大部分可以达到 37 MPa 至 55 MPa(Wolf，1984；蒋正武等，2004)。

图 4 - 42　电化学沉积产物微观结构

图 4 - 43 是电化学沉积产物和混凝土基体粘结界面微观结构的 SEM 显微照片。从图中可以看出，沉积产物紧紧吸附在混凝土基体的表面，两者

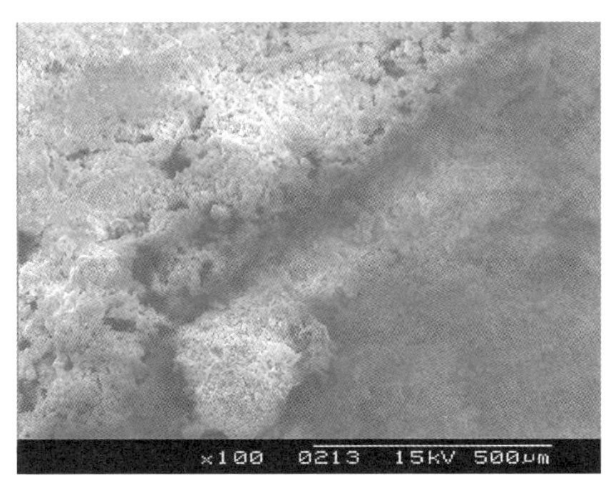

图 4 - 43　沉积产物和混凝土基体界面

粘结较好。Jiang 等(2008)的显微试验也得出类似的结论。值得一提的是,沉积产物和混凝土基体的黏结强度和通电电流有较大关系,如果电流大,则沉积速度快,黏结效果较不好;如果电流适当则可以得到较好的黏结(Jiang 等,2008)。

图 4-44 是电化学沉积产物(采用 $ZnSO_4$ 电解质溶液)的同步热分析图。该沉积产物成分可能为 ZnO。

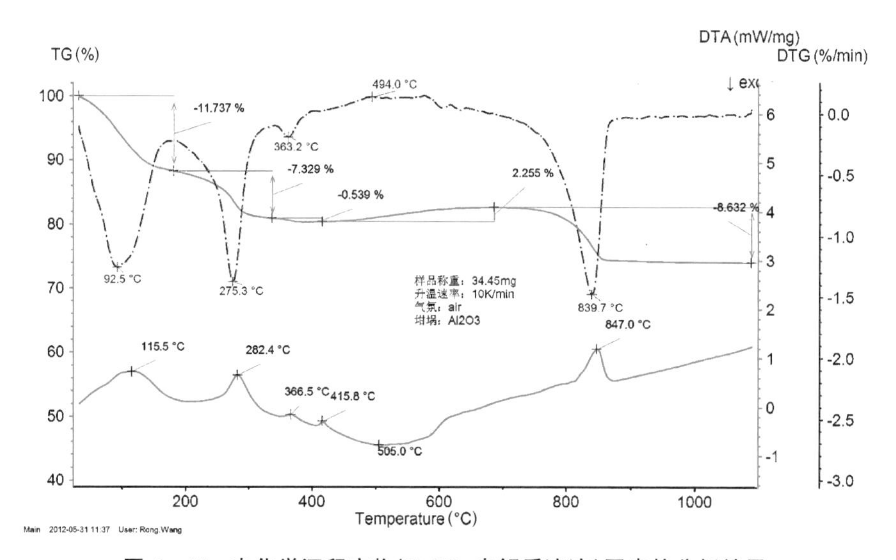

图 4-44 电化学沉积产物($ZnSO_4$ 电解质溶液)同步热分析结果

4.4.4 渗透时间记录

表 4-2 是修复和未修复的砂浆试件渗透时间对比,从表中可以看出,尽管由于密封等原因有个别试件渗透试验失败,但是从成功的试件来看,平均渗透时间从 31.6 min 提高到 88.75 min(外部压力为 0.2 MPa)。可见经过修复后,砂浆试件的抗渗能力提高了。究其原因,Otsuki 和 Ryu (2001)指出修复后砂浆试件的整体的孔径尺寸较未修复试件要小得多。

表 4-2　修复与未修复砂浆试件标准渗透实验结果对比

未修复试件(外压 0.2 MPa)		修复试件(外压 0.2 MPa)	
编　号	渗水时间(min)	编　号	渗水时间(min)
1	29	1	85
2	35	2	失败
3	失败	3	90
4	38	4	失败
5	24	5	92
6	32	6	88
平均时间	31.6	平均时间	88.75

4.4.5　力学性能

图 4-45 表示受压荷载下修复试件和未修复试件的力-位移曲线，其

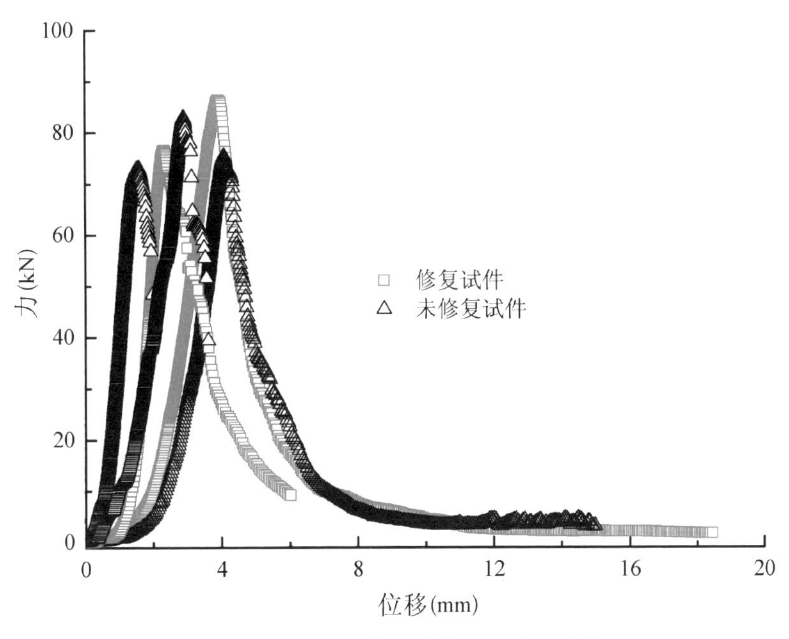

图 4-45　受压荷载下试件的力-位移曲线

中，方形表示修复试件，三角形表示未修复试件。从图上可知，在压力荷载作用下，两个修复试件对应的峰值外力约为 77 kN 和 88 kN，三个未修复试件对应的峰值为 75 kN，76 kN 和 85 kN。修复前后试件的抗压强度无明显变化。

受压试验结束后，未修复和修复试件分别如图 4-46 和图 4-47 所示。对比未修复试件，不难发现，在修复的多孔钢筋混凝土试件内部可以观察到白色的电化学沉积产物，而且也可以看出电化学沉积产物和混凝土基体粘结较为牢固。

图 4-46 受压破坏后的未修复试件

图 4-47 受压破坏后的修复试件

在三点弯试验中，试件破坏主要有两种模式：一种为裂缝在试件的中部出现(图 4-48)，在试验中，大部分破坏模式是属于这种情况。另一种为裂缝从支座处开始，延伸至中部(图 4-49)。在试验中，有一个修复试件和一个未修复试件发生这种破坏，而且其对应的抗弯强度明显低于前者，如图 4-50 所示。

图 4-50 为受弯荷载下修复和未修复试件的力-位移曲线。从图上可以看出，修复后的试件较未修复试件抗弯强度有较大幅度的提高。试验中有两个试件(一个为修复试件，另一个为未修复试件)抗弯强度明显低于相

图 4－48　受弯破坏模式 1：在试件中部出现裂缝

图 4－49　受弯破坏模式 2：在支座处出现裂缝，延伸至中部

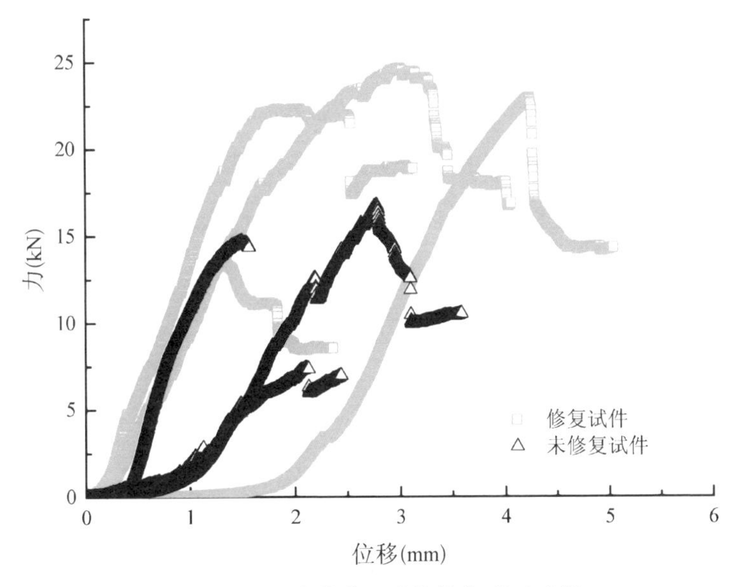

图 4－50　受弯荷载下试件的力-位移曲线

应的同类试件，都发生了第二种模式的破坏。Ryou 和 Otsuki(2005)研究表明电化学沉积可以提高试件的抗弯强度，幅度为 20%；与之类似，Chang 等(2009)的试验也表明电化学沉积可以提高腐蚀试件的抗弯强度，幅度也约为 20%。

4.4.6 混凝土基体材料参数

所谓混凝土基体(intrinsic concrete)是指混凝土材料当中的所有固体相，一般认为包括混凝土骨料、砂浆以及两者之间的界面(Zhu 等，2014)。当采用细观力学来描述修复混凝土时，可将其视为混凝土基体、电化学沉积产物、水、孔隙等组成的多相复合材料(Zhu 等，2014；Yan 等，2013)。因此，混凝土基体的性质将很大程度上影响到(修复)混凝土的整体性能。

本章采用 Yaman 等(2002a)的方法获取混凝土基体的性能，即采用线性回归的方法获取孔隙率为零的多孔混凝土对应的性能。为避免沉积产物对回归结果的影响，采用修复前干燥多孔混凝土的孔隙率与其对应的超声波速度和质量作为原始数据。

如图 4－51 所示，经过线性回归后，混凝土基体的超声波速度为 5 134.5 m/s，即孔隙率等于 0 时对应的超声波速度。同理，对修复前干燥多孔混凝土的质量进行线性回归，如图 4－52 所示，可以得到混凝土基体的质量为 7 619.1 kg。然后根据试件的体积可以求得本试验的混凝土基体的密度为 2 537.9 kg/m^3。Yaman 等(2002)的试验结果是混凝土基体超声波速度为 5 337 m/s，密度为 2 487 kg/m^3，泊松比为 0.229。可见，本试验结果和 Yaman 等(2002a)的结果较为相近。由于在试验过程未得到有关泊松比数据，同时，考虑混凝土泊松比波动范围较小，因此，后续参数采用 Yaman 等(2002a)的泊松比结果。

由回归得到混凝土基体的密度和超声波速度，根据公式(4－2)可以获得其动弹性模量。

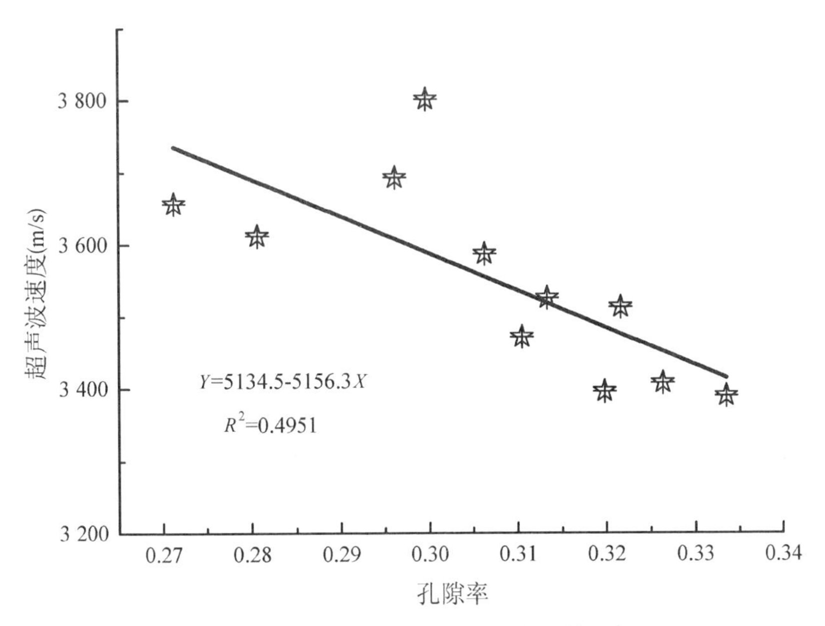

图 4－51　多孔混凝土超声波速度线性回归

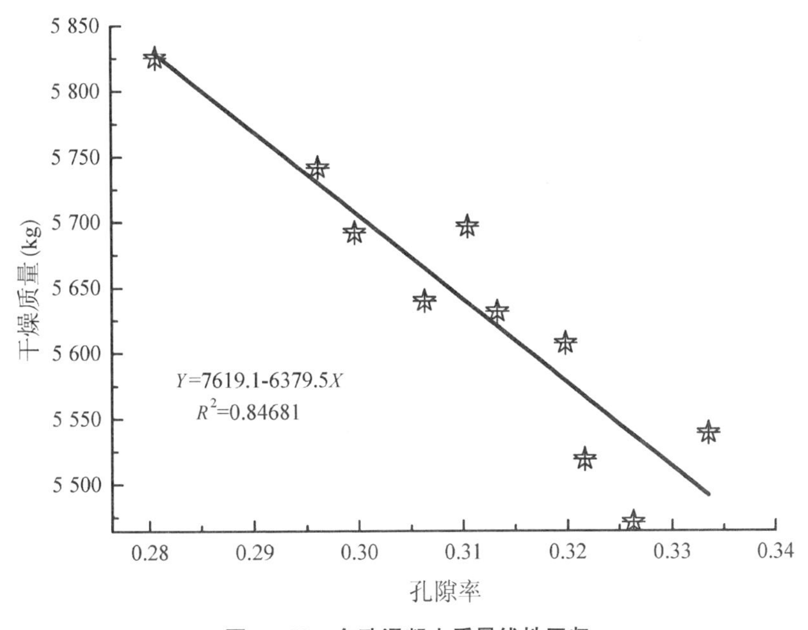

图 4－52　多孔混凝土质量线性回归

4.5 本章小结

本章采用多孔钢筋混凝土试件和砂浆试件进行了电化学沉积试验研究,并且采用了一系列的宏微观试验手段对电化学沉积修复效果进行评价。得到如下几点结论。

(1) 超声波试验结果表明修复过程多孔混凝土试件的平均超声波速呈上升趋势：从修复前 3 546 m/s 增为修复 14 d 后的3 617 m/s再增为修复 35 d后的 3 656 m/s;阿基米德法测量结果显示修复过程试件的平均孔隙率呈下降趋势：从修复前 0.299 9 降为修复 14 d 后的 0.262 45 再降为修复 35 d后的 0.240 92。

(2) 从医学 CT 和工业 CT 观察结果发现,多孔混凝土试件内部孔隙分布总体上是均匀的,同时电化学沉积产物沿着孔隙壁分布;SEM 结果显示电化学沉积产物结构密实,并且和混凝土基体粘结良好。

(3) 标准渗透表明,电化学沉积修复作用使砂浆试件的平均渗透时间从 33.6 min 提高到 88.75 min;受压试验表明,电化学沉积法对多孔混凝土试件的抗压强度影响不大;受弯试验表明,电化学沉积法可以提高多孔混凝土的抗弯强度。

本章试验没有考虑混凝土性能随水化龄期逐渐发展,有待今后试验进一步完善。

第5章 电化学沉积修复混凝土确定性细观力学模型及应用

以第 4 章电化学沉积修复混凝土试验研究为物理基础，本章首次采用细观力学方法，建立了基于材料微细观结构的修复(非饱和)混凝土细观力学模型，为从微细观层次定量描述电化学沉积修复过程提供理论手段。

5.1 电化学沉积修复混凝土细观力学模型

5.1.1 修复混凝土的细观结构

在细观层次，可将未修复的非饱和混凝土视为由孔隙、水、骨料、砂浆以及两者间界面组成的多相复合材料(Wang 和 Li，2007)。如未说明，本章混凝土都指非饱和混凝土。由上章试验结果可看出，经过修复后，在多孔混凝土孔隙内分布着电化学沉积产物。基于此，在细观层次，可将修复后的混凝土视为由孔隙、水、电化学沉积产物、骨料、砂浆以及两者间界面组成的多相复合材料。进一步为了考虑电化学沉积产物对混凝土性能的影响，将传统(未修复)混凝土中的固体相(骨料、砂浆以及两者间的界面)视为混凝土基体相,而将孔隙、水和电化学沉积产物视为夹杂相。

5.1.2 有效孔隙率和饱和度

在电化学沉积修复过程,随着电解质溶液的渗透和电化学反应发生,孔隙中的水将渐渐被电化学沉积产物替代。考虑到混凝土在水中会进一步水化,同时,电解质溶液难以到达混凝土中的某些孔隙,为更好地描述电化学修复过程,引入有效孔隙率和有效饱和度的概念。

所谓的有效孔隙率是相对于混凝土的初始孔隙率而言的,可由下面表达式确定:

$$\phi_{eff} = m(k_p, t, \nu)\phi \tag{5-1}$$

式中,ϕ_{eff}是修复混凝土的有效孔隙率;m 是渗水速率、时间、泊松比的函数,该值小于 1;ϕ 是初始孔隙率(Wang 和 Li,2007)。

通常情况下,饱和度是指由水充满的孔隙和总孔隙的比值。然而,对于电化学沉积过程,混凝土内部非饱和孔隙与干燥的孔隙将很难被修复,因此,定义有效饱和度如下:

$$S_{eff} = \frac{V_{P-sat}}{V_P} = h(k_p, t)S_w \tag{5-2}$$

式中,S_{eff}是有效饱和度;V_{P-sat}是由水完全充满的孔隙体积;V_P是混凝土的总的孔隙(包括完全饱和的孔隙、部分饱和孔隙和干燥的孔隙);S_w是通常意义的饱和度;h 是渗透速率和渗透时间的函数,其值小于 1(Wang 和 Li,2007)。

5.1.3 修复混凝土的细观力学模型

为了建立描述修复混凝土的细观力学模型,作了如下假设:

(1) 对比椭球形孔洞，球形孔洞对混凝土模量影响较小；考虑到孔隙内水压力对称的特点，即各个方向水压力相同，对材料变形有抑制作用。假设饱和孔隙的形状为球形（王海龙和李庆斌，2005；Stora 等，2006）。相反，对于非饱和与干燥的孔隙形状，假设为椭球形（Wang 和 Li，2007）。

(2) 考虑到较大孔隙内电化学沉积产物较多且沿孔隙壁分布的特点，进一步假设电化学沉积产物和原孔隙体积成正比，且均匀分布在孔隙壁周边(Zhu 等，2014)。

(3) 考虑到电化学沉积产物和混凝土基体的黏结受多种因素影响，如电解质溶液类型，电流强度等（Otsuki 和 Ryu，2001；Jiang 等，2008），当电流强度较低时，其界面强度较高（Jiang 等，2008）。作为初步研究，并考虑到文章修复环境设计以及 SEM 的观察结果，不妨假设两者黏结界面完好（Zhu 等，2014）。

基于以上假设，笔者提出了如图 5-1 所示的修复混凝土细观力学模型。通过预测该模型的有效性能，便可以从理论上定量描述修复过程混凝土的力学性能演化。

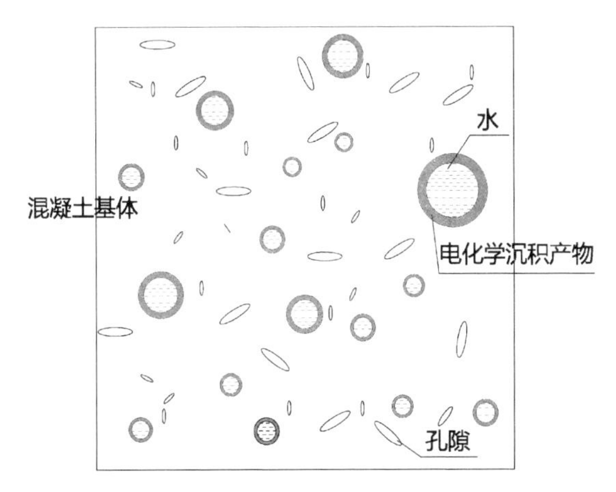

图 5-1　非饱和混凝土电化学沉积修复细观力学模型

5.2 Mori - Tanaka 法预测等效夹杂有效模量的近似修正函数

5.2.1 Mori - Tanaka 法简介

Mori - Tanaka(M - T)法是一种很常用的细观力学方法(Mori 和 Tanaka,1973;Benveniste,1987;Norris,1989;Zhao 等,1989)。对于两相复合材料,其表达式如下:

$$\begin{aligned} \boldsymbol{D} &= (c_0\boldsymbol{D_0}\boldsymbol{T_0} + c_1\boldsymbol{D_I}\boldsymbol{T_I})(c_0\boldsymbol{T_0} + c_1 T_{\mathbf{I}})^{-1} \\ &= (c_0\boldsymbol{D_0} + c_1\boldsymbol{D_I}\boldsymbol{T_I})(c_0\boldsymbol{I} + c_1\boldsymbol{T_I})^{-1} \end{aligned} \tag{5-3}$$

其中

$$\boldsymbol{T_I} = [\boldsymbol{I} + \boldsymbol{S}\boldsymbol{D}_0^{-1}(\boldsymbol{D_I} - \boldsymbol{D_0})]^{-1} \tag{5-4}$$

式中,$\boldsymbol{D_0}$是基体相的弹性刚度张量;$\boldsymbol{D_I}$是夹杂相的弹性刚度张量;$\boldsymbol{I}$ 是四阶各向同性张量;ϕ 是夹杂相的体积含量;$\boldsymbol{H}$ 是和各相平均应变相关的张量;$\boldsymbol{S}$ 是 Eshelby 张量,其值由 $\boldsymbol{D}_0$ 和夹杂形状决定。

对于各向同性的,且含球形夹杂的复合材料而言,以上张量的分量可写成如下形式:

$$I_{ijkl} = \frac{1}{3}\delta_{ij}\delta_{kl} + \frac{1}{2}\left(\delta_{ik}\delta_{jl} + \delta_{il}\delta_{jk} - \frac{2}{3}\delta_{ij}\delta_{kl}\right) \tag{5-5}$$

$$D_{0ijkl} = K_0\delta_{ij}\delta_{kl} + G_0\left(\delta_{ik}\delta_{jl} + \delta_{il}\delta_{jk} - \frac{2}{3}\delta_{ij}\delta_{kl}\right) \tag{5-6}$$

$$D_{\mathrm{I}ijkl} = K_{\mathrm{I}}\delta_{ij}\delta_{kl} + G_{\mathrm{I}}\left(\delta_{ik}\delta_{jl} + \delta_{il}\delta_{jk} - \frac{2}{3}\delta_{ij}\delta_{kl}\right) \tag{5-7}$$

$$D_{ijkl} = K\delta_{ij}\delta_{kl} + G\left(\delta_{ik}\delta_{jl} + \delta_{il}\delta_{jk} - \frac{2}{3}\delta_{ij}\delta_{kl}\right) \tag{5-8}$$

$$S_{ijkl} = \frac{K_0}{3K_0 + 4G_0}\delta_{ij}\delta_{kl} + \frac{3(K_0 + 2G_0)}{5(3K_0 + 4G_0)}\left(\delta_{ik}\delta_{jl} + \delta_{il}\delta_{jk} - \frac{2}{3}\delta_{ij}\delta_{kl}\right) \tag{5-9}$$

式中，δ_{ij}是克罗内克符号；K_0，G_0是基体的体积模量和剪切模量；K_1，G_1是夹杂的体积模量和剪切模量。

如果将电化学沉积产物视为基体相，将水视为夹杂相，那么由 M－T 方法可得该两相材料的有效模量：

$$K_M = K_2 + \frac{\phi_w(K_1 - K_2)(3K_2 + 4\mu_2)}{3K_2 + 4\mu_2 + 3(1 - \phi_w)(K_1 - K_2)} \tag{5-10}$$

$$\mu_M = \mu_2 + \frac{5\phi_w\,\mu_2(\mu_1 - \mu_2)(3K_2 + 4\mu_2)}{5\mu_2(3K_2 + 4\mu_2) + 6(1 - \phi_w)(\mu_1 - \mu_2)(K_2 + 2\mu_2)} \tag{5-11}$$

式中，ϕ_w是水的体积含量；K_1 和 μ_1 是水的体积模量和剪切模量；K_2 和 μ_2 是电化学沉积产物的体积模量和剪切模量；K_M和 μ_M是由 M－T 方法预测的该两相材料的有效体积模量和剪切模量。

5.2.2　Mori－Tanaka 法预测等效夹杂有效模量的修正函数

M－T 方法之所以很流行，是因为在夹杂含量较低时，其计算简单，而且预测精度较高。但是当夹杂含量增加时，其计算精度将下降。也就是说式(5－10)和式(5－11)只有在水含量很少时，方可得到满意的结果。为了推广 M－T 方法的应用，Schjødt-Thomsen 和 Pyrz(2001)将其推广到非低夹杂含量的情形。基于 Christensen 和 Lo(1979)的模型，对 M－T 方法进行简单修正，使其可以较好地预测等效夹杂(由电化学沉积产物和水组成)

的有效模量。

根据文献(Christensen 和 Lo,1979),等效夹杂的有效模量可以由下列表达式确定:

$$K_L = K_2 + \frac{\phi_w (K_1 - K_2)(3K_2 + 4\mu_2)}{3K_2 + 4\mu_2 + 3(1-\phi_w)(K_1 - K_2)} \tag{5-12}$$

$$A\left(\frac{\mu_L}{\mu_2}\right)^2 + B\left(\frac{\mu_L}{\mu_2}\right) + C = 0 \tag{5-13}$$

其中,

$$\begin{aligned} A = {} & 8\left[\frac{\mu_1}{\mu_2} - 1\right](4 - 5\nu_2)\eta_1 \phi_w^{10/3} - 2\left[63\left(\frac{\mu_1}{\mu_2} - 1\right)\eta_2 + 2\eta_1\eta_3\right]\phi_w^{7/3} \\ & + 252\left[\frac{\mu_1}{\mu_2} - 1\right]\eta_2 \phi_w^{5/3} - 50\left[\frac{\mu_1}{\mu_2} - 1\right](7 - 12\nu_2 + 8\nu_2^2)\eta_2 \phi_w \\ & + 4(7 - 10\nu_2)\eta_2\eta_3 \end{aligned} \tag{5-14}$$

$$\begin{aligned} B = {} & -4\left[\frac{\mu_1}{\mu_2} - 1\right](1 - 5\nu_2)\eta_1 \phi_w^{10/3} + 4\left[63\left(\frac{\mu_1}{\mu_2} - 1\right)\eta_2 + 2\eta_1\eta_3\right]\phi_w^{7/3} \\ & - 504\left[\frac{\mu_1}{\mu_2} - 1\right]\eta_2 \phi_w^{5/3} + 150\left[\frac{\mu_1}{\mu_2} - 1\right](3 - \nu_2)\nu_2\eta_2 \phi_w \\ & + 3(15\nu_2 - 7)\eta_2\eta_3 \end{aligned} \tag{5-15}$$

$$\begin{aligned} C = {} & 4\left[\frac{\mu_1}{\mu_2} - 1\right](5\nu_2 - 7)\eta_1 \phi_w^{10/3} - 2\left[63\left(\frac{\mu_1}{\mu_2} - 1\right)\eta_2 + 2\eta_1\eta_3\right]\phi_w^{7/3} \\ & + 252\left[\frac{\mu_1}{\mu_2} - 1\right]\eta_2 \phi_w^{5/3} + 25\left[\frac{\mu_1}{\mu_2} - 1\right](\nu_2^2 - 7)\eta_2 \phi_w \\ & - 3(7 + 5\nu_2)\eta_2\eta_3 \end{aligned} \tag{5-16}$$

$$\eta_1 = \left[\frac{\mu_1}{\mu_2} - 1\right](49 - 50\nu_1\nu_2) + 35\left(\frac{\mu_1}{\mu_2}\right)(\nu_1 - 2\nu_2) + 35(2\nu_1 - \nu_2) \tag{5-17}$$

$$\eta_2 = 5\nu_1\left[\frac{\mu_1}{\mu_2} - 8\right] + 7\left(\frac{\mu_1}{\mu_2} + 4\right) \tag{5-18}$$

$$\eta_3 = \frac{\mu_1}{\mu_2}[8 - 10\nu_2] + (7 - 5\nu_2) \tag{5-19}$$

式中，ν_1 和 ν_2 分别是水和电化学沉积产物的泊松比；K_L 和 μ_L 是 Christensen 和 Lo(1979)模型预测的该两相材料的有效体积模量和剪切模量。注意到：无论水的含量高或者低，Christensen 和 Lo(1979)的模型都可以得到满意的解。同时对比其和 M－T 方法的结果，不难发现两者体积模量是一致的。而对于剪切模量，作如下化简：考虑水的剪切模量为 0，泊松比为 0.5，即 $\mu_1 = 0$，$\nu_1 = 0.5$，那么，$\mu_1/\mu_2 = 0$。由 Christensen 和 Lo(1979)模型可得：

$$\frac{\mu_L}{\mu_2} = g(\nu_2, \phi_w) \tag{5-20}$$

根据材料参数间的关系，将式(5－11)中的体积模量用式(5－21)替换：

$$K_2 = \frac{2\mu_2(1 + \nu_2)}{3(1 - 2\nu_2)} \tag{5-21}$$

同时，考虑到 $\mu_1 = 0$，式(5－11)经过化简，可以得到：

$$\frac{\mu_M}{\mu_2} = f(\nu_2, \phi_w) \tag{5-22}$$

由式(5－20)和式(5－22)可以得到 M－T 方法用于预测等效夹杂有效模量的修正函数 $M(\nu_2, \phi_w)$ 如下：

$$M(\nu_2, \phi_w) = \frac{\mu_M - \mu_L}{\mu_L} = \frac{f(\nu_2, \phi_w) - g(\nu_2, \phi_w)}{g(\nu_2, \phi_w)} \tag{5-23}$$

5.2.3　修正函数的近似解

考虑到在夹杂含量少于 30%时，M－T 方法的预测结果较好(杜修力和金浏,2011),因此,当 $\phi_w<30\%$时, $M(\nu_2, \phi_w)$的近似解$\bar{M}(\nu_2, \phi_w)$为零。即:

$$\bar{M}(\nu_2, \phi_w) = 0 \tag{5-24}$$

当 $30\%\leqslant\phi_w<100\%$时,采用简单的线性插值进行计算,如当 $\nu_2 = 0$ 时,

$$\begin{aligned}\bar{M}(0, \phi_w) &= M(0, 0.3) + \frac{M(0, 0.9999) - M(0, 0.3)}{0.9999 - 0.3}(\phi_w - 0.3)\\ &= 0.0280 + 0.5314 \times (\phi_w - 0.3000)\end{aligned} \tag{5-25}$$

同理,可以得到其他 ν_2 对应的修正函数近似值,如下:

$$\begin{aligned}\bar{M}(0.1, \phi_w) &= M(0.1, 0.3)\\ &\quad + \frac{M(0.1, 0.9999) - M(0.1, 0.3)}{0.9999 - 0.3}(\phi_w - 0.3)\\ &= 0.0316 + 0.5898 \times (\phi_w - 0.3000)\end{aligned} \tag{5-26}$$

$$\begin{aligned}\bar{M}(0.2, \phi_w) &= M(0.2, 0.3)\\ &\quad + \frac{M(0.2, 0.9999) - M(0.2, 0.3)}{0.9999 - 0.3}(\phi_w - 0.3)\\ &= 0.0361 + 0.6627 \times (\phi_w - 0.3000)\end{aligned} \tag{5-27}$$

$$\begin{aligned}\bar{M}(0.3, \phi_w) &= M(0.3, 0.3)\\ &\quad + \frac{M(0.3, 0.9999) - M(0.3, 0.3)}{0.9999 - 0.3}(\phi_w - 0.3)\\ &= 0.0415 + 0.7570 \times (\phi_w - 0.3000)\end{aligned} \tag{5-28}$$

$$\begin{aligned}\bar{M}(0.4, \phi_w) &= M(0.4, 0.3)\\ &\quad + \frac{M(0.4, 0.9999) - M(0.4, 0.3)}{0.9999 - 0.3}(\phi_w - 0.3)\\ &= 0.0483 + 0.8834 \times (\phi_w - 0.3000)\end{aligned} \tag{5-29}$$

$$\begin{aligned}\bar{M}(0.5, \phi_w) &= M(0.5, 0.3)\\ &\quad + \frac{M(0.5, 0.9999) - M(0.5, 0.3)}{0.9999 - 0.3}(\phi_w - 0.3)\end{aligned}$$

$$= 0.0567 + 1.0619 \times (\phi_w - 0.3000) \tag{5-30}$$

以上式子取 0.999 9 作为水的体积含量上限。其他泊松比对应的修正函数值可以由上面式子插值得到。

于是，等效夹杂有效剪切模量可以由式(5-31)得到(无论水的含量是高或者低)：

$$\bar{\mu}_M = \frac{\mu_M}{1 + \bar{M}(\nu_2, \phi_w)} \tag{5-31}$$

式中，$\bar{\mu}_M$为由 M-T 预测结果进行近似修正后的有效剪切模量。为验证修正结果，对比两个相对误差：① 未经修正的 M-T 结果和 Christensen 和 Lo(1979)模型结果的相对误差 $[M(\nu_0, \phi_w) = (\mu_M - \mu_L)/\mu_L]$；(2) 经过修正的 M-T 结果与 Christensen 和 Lo 模型结果的相对误差 $[M'(\nu_0, \phi_w) = (\bar{\mu}_M - \mu_L)/\mu_L]$。从图 5-2 中可以看出，未经过修正时，随着含水量的增加，

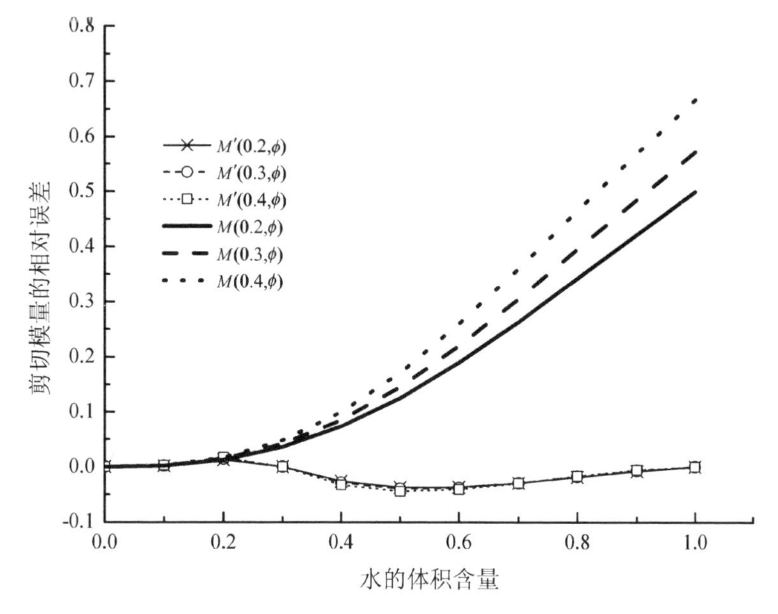

图 5-2　修正前后 Mori-Tanaka 法预测等效夹杂剪切模量的相对误差对比图

M－T 方法预测的结果和 Christensen 和 Lo 模型的解相对误差达到 70％（当泊松比为 0.4 时）；当泊松比减小时，相对误差有下降的趋势，但还是高达 45％以上（当泊松比为 0.2 时）；经过修正后，误差明显减小，无论泊松比取值如何，两者最大相对误差不超过 7％。

5.3 修复混凝土有效模量预测

5.3.1 多层次均匀化的思想

在进行细观力学分析时，常取材料的代表性体积单元，该单元尺寸远小于关注的试件宏观尺寸而又远大于夹杂的尺寸。通过对代表性单元的应力场和应变场进行平均化处理，可以获取复合材料的有效性能。在数学上，这是一种均匀化的方法(Ju 和 Chen，1994a)。对于多相复合材料而言，常采取分步均匀化的思路获取其有效性能(Li 等，1999；Garboczi 和 Berryman，2001；Yang 等，2007；Nguyen 等，2011；Ju 和 Chen，1994a；Sheng，1990)。笔者采用类似的思路获取电化学修复后混凝土的有效性能。① 采用 M－T 方法获取等效夹杂(由水和电化学沉积产物组成)的有效性能，并采用本章提出的修正函数对含水量高的情形进行修正，如图 5－3(a)所示；② 采用本书第 2 章提出的方法获取等效基体(由混凝土基体和等效夹杂组成)的性能，如图 5－3(b)所示；③ 采用 Berryman(1980)的方法考虑未修复的孔隙影响，获取修复混凝土的有效力学性能，如图5－3(c)所示。

5.3.2 等效夹杂的有效性能

对于水和电化学沉积产物组成的两相材料而言，如果将电化学沉积产物视为基体，水视为夹杂，那么根据 5.2 节内容，由 M－T 法，可得等效夹

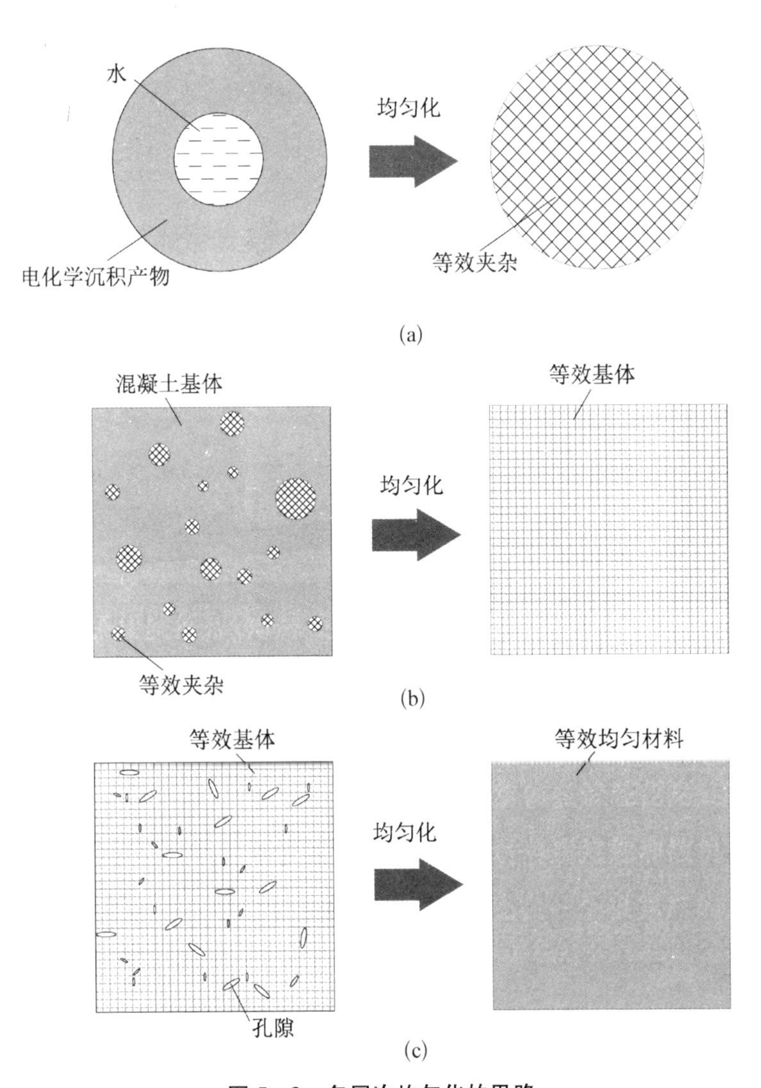

图5-3　多层次均匀化的思路

(a) 第一层次：对水和电化学沉积产物进行均匀化；(b) 第二层次：对混凝土基体和等效夹杂进行均匀化；(c) 第三层次：对等效基体和孔隙进行均匀化

杂的有效模量如下所示(Mori 和 Tanaka,1973)：

$$K_{\mathrm{F}} = K_2 + \frac{\phi_{\mathrm{FW}}(K_1 - K_2)(3K_2 + 4\mu_2)}{3K_2 + 4\mu_2 + 3(1 - \phi_{\mathrm{FW}})(K_1 - K_2)} \qquad (5-32)$$

$$\bar{\mu}'_{F}=\mu_2+\frac{5\phi_{FW}\mu_2(\mu_1-\mu_2)(3K_2+4\mu_2)}{5\mu_2(3K_2+4\mu_2)+6(1-\phi_{FW})(\mu_1-\mu_2)(K_2+2\mu_2)} \tag{5-33}$$

其中，

$$\phi_{FW}=\frac{V_{wat}}{V_{wat}+V_{dep}} \tag{5-34}$$

$$V_{wat}+V_{dep}=S_{eff}\phi_{eff}V_{tot} \tag{5-35}$$

式中，K_F是等效夹杂的有效体积模量；$\bar{\mu}'_F$是未经修正的等效夹杂的剪切模量；ϕ_{FW}是水占两相材料的体积含量；V_{wat}是饱和孔隙体积；V_{dep}是电化学沉积产物的体积；V_{tot}是代表性单元的总体积。

由 5.2.3 节内容可得，修正函数的近似值 $\bar{M}(\nu_2,\phi_{FW})$，那么，经过修正后的剪切模量为：

$$\mu_F=\frac{\bar{\mu}'_F}{1+\bar{M}(\nu_2,\phi_{FW})} \tag{5-36}$$

5.3.3 等效基体的有效性能

为了获取等效基体的有效模量，笔者采用第 2 章的模型结论，即式(2-32)和式(2-33)。通过将其夹杂性能替换为上节的等效夹杂性能，并且考虑混凝土在水中的进一步水化作用，可以得到等效基体的有效模量。

$$K_S=K_3\left\{1+\frac{3(1-\nu_3)(K_F-K_3)\phi_H}{3(1-\nu_3)K_3+(1-\phi_H)(1+\nu_3)(K_F-K_3)}\right\} \tag{5-37}$$

$$\bar{\mu}'_S=\mu_3\left\{1+\frac{15(1-\nu_3)(\mu_F-\mu_3)\phi_H}{15(1-\nu_3)\mu_3+(1-\phi_H)(8-10\nu_3)(\mu_F-\mu_3)}\right\} \tag{5-38}$$

其中，

$$\phi_{\mathrm{H}} = \frac{S_{\mathrm{eff}}\phi_{\mathrm{eff}}}{1-(1-S_{\mathrm{eff}})\phi_{\mathrm{eff}}} = \frac{V_{\mathrm{wat}}+V_{\mathrm{dep}}}{[1-(1-S_{\mathrm{eff}})\phi_{\mathrm{eff}}]V_{\mathrm{tot}}} \tag{5-39}$$

式中，K_{S}是等效基体的有效体积模量；$\bar{\mu}'_{\mathrm{S}}$是等效基体的有效剪切模量；K_3 和 μ_3 是混凝土基体的体积模量和剪切模量。

考虑水的黏性对剪切模量的放大作用，对式(5-38)的结果进行修正：

$$\mu_{\mathrm{S}} = [1+f_1(S_{\mathrm{eff}}\phi)^2+f_2S_{\mathrm{eff}}\phi]\,\bar{\mu}'_{\mathrm{S}} \tag{5-40}$$

式中，μ_{S}是考虑水作用后等效基体的有效剪切模量；f_1 和 f_2 是通过试验确定的参数(Wang 和 Li，2007)。

5.3.4　修复混凝土的有效性能

为了考虑非饱和孔隙对修复混凝土有效性能的弱化作用，采用等效长短轴比考虑孔隙形状的影响(Wang 和 Li，2007；Berryman，1980)

$$\alpha = \frac{1}{N}\sum_{i=1}^{N}\frac{a_i}{b_i} \tag{5-41}$$

式中，α 是等效的长短轴比；a_i 和 b_i 是孔隙的短轴和长轴；N 是非饱和孔隙的数量。将 Berryman(1980)模型中基体替换为本章的等效基体，修复混凝土的有效模量可以通过如下迭代获取：

$$(K^*)_{n+1} = \frac{(1-\phi_{\mathrm{k}})K_{\mathrm{S}}(P^{*2})_n}{(\phi_{\mathrm{k}})(P^{*1})_n+(1-\phi_{\mathrm{k}})(P^{*2})_n} \tag{5-42}$$

$$(\mu^*)_{n+1} = \frac{(1-\phi_{\mathrm{k}})\mu_{\mathrm{S}}(Q^{*2})_n}{(\phi_{\mathrm{k}})(Q^{*1})_n+(1-\phi_{\mathrm{k}})(Q^{*2})_n} \tag{5-43}$$

$$\phi_{\mathrm{k}} = (1-S_{\mathrm{eff}})\phi_{\mathrm{eff}} \tag{5-44}$$

式中，$(K^*)_{n+1}$，$(\mu^*)_{n+1}$ 与$(K^*)_n$，$(\mu^*)_n$ 分别是 K^* 和 μ^* 的第 $(n+1)$ 次

与第 n 次近似值；ϕ_k 为未修复的孔隙含量。$(P^{*1})_n$，$(P^{*2})_n$，$(Q^{*1})_n$，$(Q^{*2})_n$ 是由 $(K^*)_n$ 和 $(\mu^*)_n$ 确定的系数。根据 Berryman(1980)

$$(P^{*1})_n = \frac{(K^*)_n}{\pi\alpha(\beta^*)_n} \tag{5-45}$$

$$(P^{*2})_n = \frac{(K^*)_n + \frac{4}{3}\mu_S}{K_S + \frac{4}{3}\mu_S + \pi\alpha(\beta^*)_n} \tag{5-46}$$

$$(Q^{*1})_n = \frac{1}{5}\left\{1 + \frac{8(\mu^*)_n}{\pi\alpha[(\mu^*)_n + 2(\beta^*)_n]} + \frac{4(\mu^*)_n}{3\pi\alpha(\beta^*)_n}\right\} \tag{5-47}$$

$$(Q^{*2})_n = \frac{1}{5}\left\{1 + \frac{8(\mu^*)_n}{4\mu_S + \pi\alpha[(\mu^*)_n + 2(\beta^*)_n]} + 2\frac{K_S + \frac{2}{3}\mu_S + \frac{2}{3}(\mu^*)_n}{K_S + \frac{4}{3}\mu_S + \pi\alpha(\beta^*)_n}\right\} \tag{5-48}$$

其中，

$$(\beta^*)_n = (\mu^*)_n \frac{3(K^*)_n + (\mu^*)_n}{3(K^*)_n + 4(\mu^*)_n} \tag{5-49}$$

定义 K_T，μ_T 是修复混凝土的有效体积模量和剪切模量。为获取该值可采用迭代求解，其过程如下：首先假设 $(K^*)_1 = K_S$，$(\mu^*)_1 = \mu_S$，便可计算系数 $(P^{*1})_1$，$(P^{*2})_1$，$(Q^{*1})_1$，$(Q^{*2})_1$；接着由这些系数计算 $(K^*)_2$ 和 $(\mu^*)_2$；重复上述过程可以得到 K^* 和 μ^* 的第 $(n+1)$ 次与第 n 次近似值，如果两者差值足够小(本章小于 0.000 1)，那么有

$$K_T = (K^*)_{n+1} \tag{5-50}$$

$$\mu_T = (\mu^*)_{n+1} \tag{5-51}$$

进一步，由式(5-52)可以得到修复混凝土的有效弹性模量如下：

$$E_{\mathrm{T}} = \frac{9K_{\mathrm{T}}\mu_{\mathrm{T}}}{3K_{\mathrm{T}} + \mu_{\mathrm{T}}} \tag{5-52}$$

式中，E_{T}是修复混凝土的有效弹性模量。

5.3.5　修复混凝土有效性能的若干修正

本章模型适用于预测修复非饱和混凝土的静态弹性模量。如果修复混凝土经过干燥后，需要用空气的有关参数来代替其中水的力学参数，也就是不再考虑水的作用；考虑超声检测对应的是材料的动弹性模量(Prassianakis，1994；Prassianakis 和 Prassianakis，2004)，如果要将本章模型用于预测动模量，那么需要考虑将静模量转换为动模量(Shkolnik，2005；Yaman 等，2002a，2002b)。

另外，当修复混凝土处于干燥状况时，原来饱和的区域将变成孔隙。那么假设该饱和区域的孔隙为球状便不再成立。同时，考虑到电化学沉积修复将改变孔隙的尺寸、形状和分布(Otsuki 和 Ryu，2001)，因此，除了考虑电化学沉积作用改变孔隙率外，还要考虑其对孔隙形状的影响。为此，对第二步均匀化的结果进行修正(由于非饱和区域的孔隙未修复，故不考虑修正)，并引入以下修正系数(Zhu 等，2014)：

$$\chi_{\mathrm{K}} = \frac{K_{\alpha}^{*}}{K_{\alpha=1}^{*}} \tag{5-53}$$

$$\chi_{\mu} = \frac{\mu_{\alpha}^{*}}{\mu_{\alpha=1}^{*}} \tag{5-54}$$

$$\chi_{\mathrm{E}} = \frac{E_{\alpha}^{*}}{E_{\alpha=1}^{*}} \tag{5-55}$$

式中，χ_{K}，χ_{μ}和χ_{E}是修正系数；$K_{\alpha=1}^{*}$，$\mu_{\alpha=1}^{*}$和$E_{\alpha=1}^{*}$是$\alpha=1$时预测的有效体积模量、剪切模量和杨氏模量，也就是孔隙形状为球状时的有效模量；K_{α}^{*}，

μ_{α}^{*} 和 E_{α}^{*} 则是 $\alpha<1$ 时预测的有效体积模量、剪切模量和杨氏模量，也就是对应孔隙形状为非球状的有效模量。通过以下修正，$K_{\alpha=1}^{*}$，$\mu_{\alpha=1}^{*}$，$E_{\alpha=1}^{*}$，K_{α}^{*}，μ_{α}^{*} 和 E_{α}^{*} 可通过式(5-42)—式(5-52)进行计算(Berryman,1980)。

(1) 式(5-42)—式(5-52)中的基体相应改为等效基体(由混凝土基体和电化学沉积产物组成)，也就是说 K_S 和 μ_S 应改为 K_{aver} 和 μ_{aver}(Zhu 等,2014)。

$$K_S = K_{aver} = 0.5[\phi_G K_2 + (1-\phi_G)K_3] + 0.5\left[\frac{K_2 K_3}{\phi_G K_3 + (1-\phi_G)K_2}\right] \tag{5-56}$$

$$\mu_S = \mu_{aver} = 0.5[\phi_G \mu_2 + (1-\phi_G)\mu_3] + 0.5\left[\frac{\mu_2 \mu_3}{\phi_G \mu_3 + (1-\phi_G)\mu_2}\right] \tag{5-57}$$

$$\phi_G = \frac{V_{dep}}{V_{int}+V_{dep}} = \frac{\phi_{FD}(S_{eff}\phi_{eff})}{1-(1-S_{eff})\phi_{eff}-(1-\phi_{FD})(S_{eff}\phi_{eff})} \tag{5-58}$$

$$\phi_{FD} = 1-\phi_{FW} \tag{5-59}$$

式中，V_{int}是混凝土基体(intrinsic concrete)的体积；ϕ_{FD}是电化学沉积产物在等效夹杂中的体积含量；ϕ_G电化学沉积产物占等效基体(由混凝土基体和电化学沉积产物组成)中的体积含量。

(2) 夹杂的体积含量 ϕ_k需要改为 ϕ_{aver}，ϕ_{aver}计算如下：

$$\phi_k = \phi_{aver} = \frac{V_{wat}}{V_{int}+V_{dep}+V_{wat}} = \frac{(1-\phi_{FD})(S_{eff}\phi_{eff})}{1-(1-S_{eff})\phi_{eff}} \tag{5-60}$$

综上，采用本书模型求解干燥情况下修复(非饱和)混凝土有效模量步骤如下：

(1) 在第一步均匀化时，需要将水的力学参数改为空气，同时不考虑水黏性对剪切模量的影响。

(2) 采用式(5-41)—式(5-60)计算相关修正系数，然后将其乘以第二步均匀化的结果。

(3) 采用第二步修正后的等效基体进行第三步均匀化，获取干燥后修复(非饱和)混凝土的有效模量。

(4) 根据动模量和静模量的关系(Shkolnik，2005；Yaman 等，2002a，2002b)，可将预测结果转为修复(非饱和)混凝土的动弹性模量。

5.4　预测结果的试验验证与讨论

5.4.1　修复过程验证

图 5-4 表示不同有效饱和度下混凝土电化学沉积修复过程中有效体积模量的变化情况。从图中可以看出，随着修复时间的推进，混凝土有效

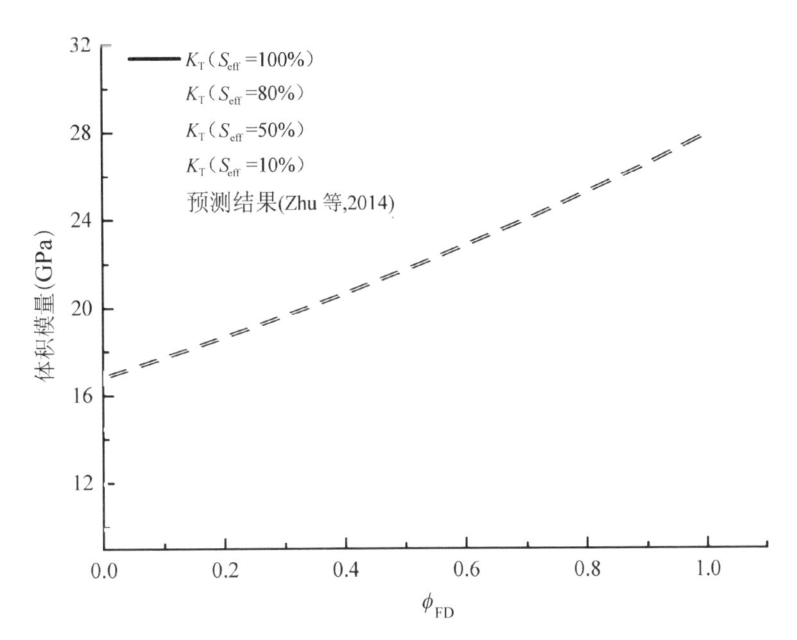

图 5-4　不同饱和度混凝土电化学沉积修复过程中体积模量的变化

体积模量也随之增大；随着有效饱和度增大，修复后混凝土的有效体积模量也越大，修复效果越明显；当有效饱和度达到100%，本章模型预测的有效体积模量和Zhu等(2014)的方法所得结果相同，即本章方法可用于预测饱和混凝土电化学沉积修复过程的体积模量。

图5-5表示不同有效饱和度下混凝土电化学沉积修复过程中有效剪切模量的变化情况。从图中可以看出，随着修复时间的推进，混凝土有效剪切模量也随之增大；随着有效饱和度增大，修复后混凝土的有效剪切模量也越大，修复效果越明显；当有效饱和度达到100%时，本章模型预测的有效剪切模量和Zhu等(2014)的方法所得结果相近，即本章方法可用于预测饱和混凝土的电化学沉积修复过程的剪切模量，也说明了本章关于M-T法修正的合理性。

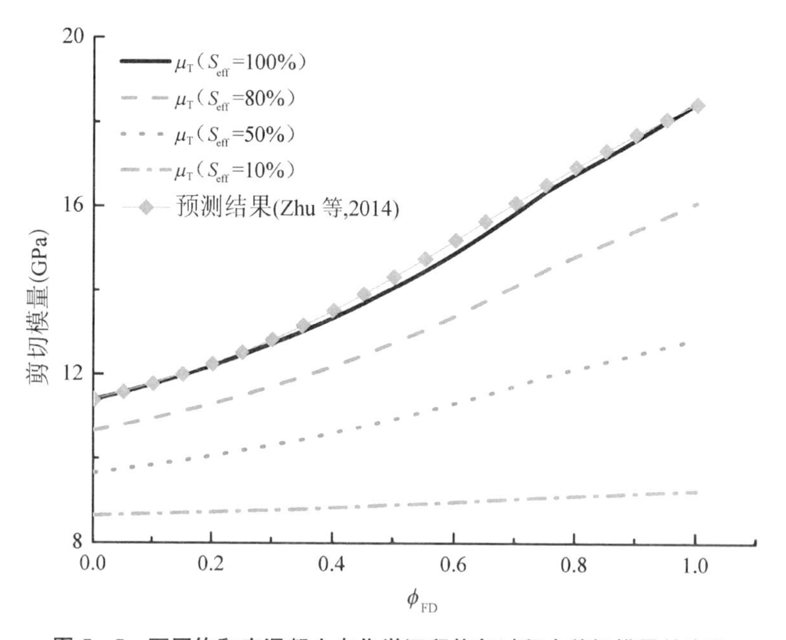

图5-5 不同饱和度混凝土电化学沉积修复过程中剪切模量的变化

图5-6表示不同有效饱和度下混凝土电化学沉积修复过程中有效杨

氏模量的变化情况。同样,从图中可以看出,随着修复时间的推进,混凝土有效杨氏模量也随之增大;随着有效饱和度增大,修复后混凝土的有效杨氏模量也越大,修复效果越明显;当有效饱和度达到 100%时,本章模型预测的有效杨氏模量和 Zhu 等(2014)的方法所得结果相近,即本章方法可用于预测饱和混凝土电化学沉积修复过程的杨氏模量,从而进一步说明了本章关于 M-T 法修正的合理性。

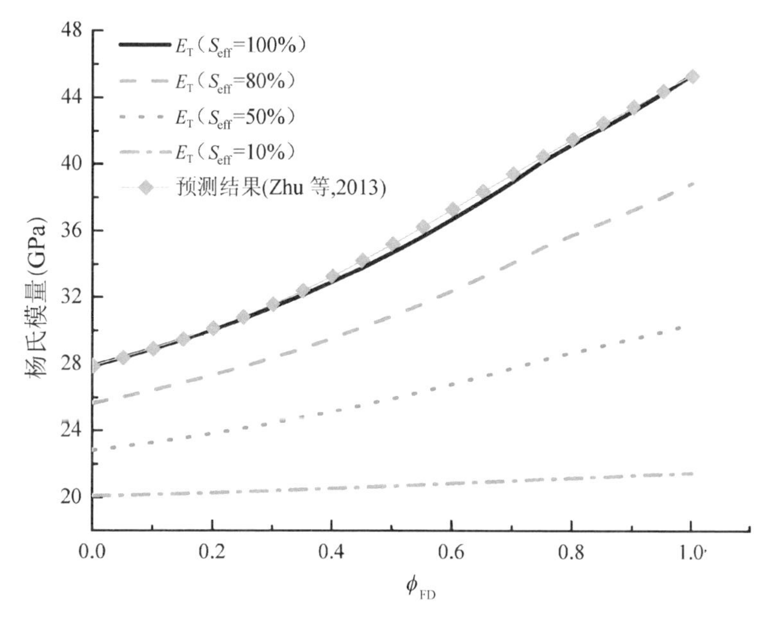

图 5-6　不同饱和度混凝土电化学沉积修复过程中杨氏模量的变化

为了进一步验证本章细观力学模型的合理性,本节还将所提模型的预测结果和第 4 章试验数据进行对比。其中,试验点是由超声波速度按式(4-2)转化而得到的动弹性模量;混凝土基体的材料参数取本书第 4 章 4.4.6 节试验回归的数据;电化学沉积产物的材料参数假设和混凝土基体相同(Zhu 等,2014)。图 5-7 是本章细观力学模型预测结果和本书第 4 章试验结果对比。从图中可以看出本书模型可描述非饱和混凝土电化学沉积修复过程;同时还可发现,在本书试验方案下,修复混凝土的有效饱和度

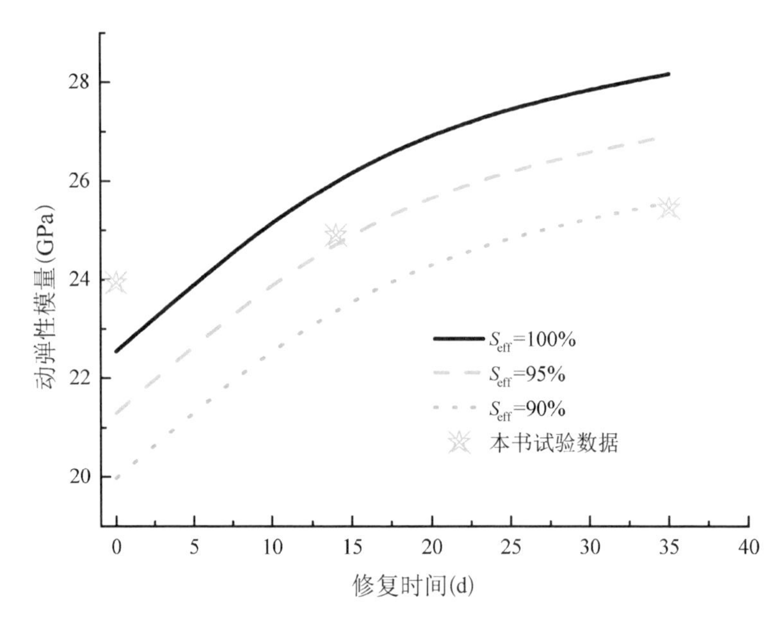

图 5-7 本章模型预测结果和第 4 章试验数据对比

在下降,其原因在于:随着修复的推进,混凝土中原来贯通的孔隙将被逐渐填补,电化学沉积修复效率逐渐下降。

5.4.2 修复极限状态验证

为了进一步验证本书提出的修复混凝土细观力学模型,对其两个极端现象进行讨论。

极端情况 1:混凝土完全饱和,且所有的孔隙都被修复,那么修复混凝土将变成由混凝土基体和电化学沉积产物组成的两相材料,也就是说,修复混凝土有效模量的获取不需要本章的第一步均匀化和第三步均匀化,不难发现,本章修复模型预测的结果和本书第 2 章中式(2-32)和式(2-33)的预测结果相同。

极端情况 2:即非饱和混凝土完全未被修复,那么就有 $K_F = K_1$ 和 $\mu_F = \mu_1$,此时,本章提出的修复非饱和混凝土模型将退化为非饱和混凝土细观力学模型。如果 $S_{eff}=1$，那么本章模型将进一步退化为饱和混凝土细观力学模型。

为验证完全未修复情况下本模型预测结果，采用 Yaman 等(2002a)的试验数据以及 Wang 和 Li(2007)预测的结果进行比较。类似 Wang 和 Li(2007)的参数取值，取等效短长轴比为 0.2，有效孔隙率为初始孔隙率的 80%。图 5-8 表示本章模型预测结果和试验数据和已有模型预测结果的对比情况。从图中可以看出，预测的结果和试验数据吻合较好，同时也和(Wang 和 Li，2007)预测结果相近。由于水能限制混凝土的进一步变形，因此，随着饱和度的增加，非饱和混凝土的有效弹性模量也增加。

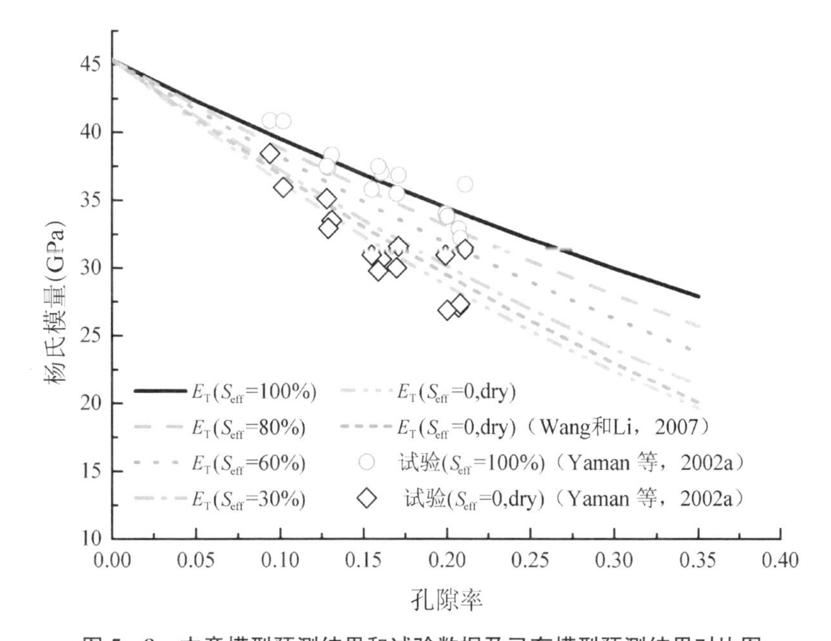

图 5-8　本章模型预测结果和试验数据及已有模型预测结果对比图

图 5-9 和图 5-10 分别表示不同有效饱和度下，本章模型预测混凝土有效体积模量和有效剪切模量。从图中可以看出，随着有效饱和度的增加，同一初始孔隙率下，混凝土具有更高的有效性能。

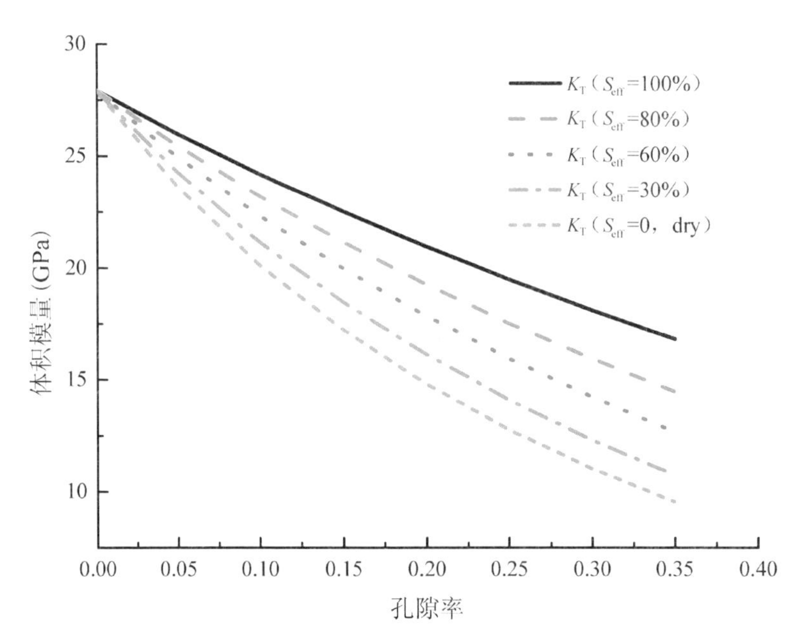

图 5-9　不同有效饱和度下本章所提模型预测的混凝土有效体积模量

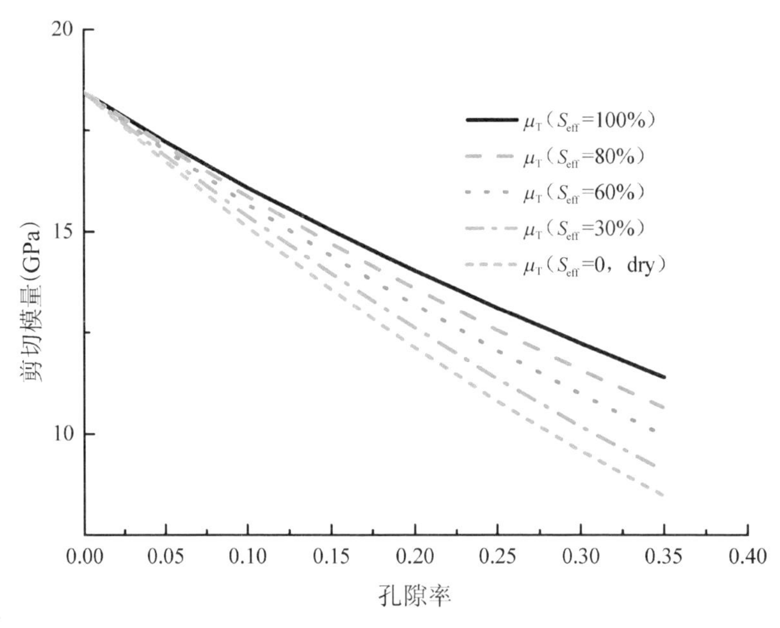

图 5-10　不同有效饱和度下本章所提模型预测的混凝土有效剪切模量

5.4.3　影响修复效果的若干因素讨论

孔隙的形状，即本章的等效长短轴的比对材料的有效模量影响较大(Wang和Li,2007;Berryman,1980)。因此,非饱和区域孔隙的等效长短轴比也对修复混凝土的有效性能产生影响。为定量化研究该参数对修复混凝土性能的作用,不妨假设,混凝土初始孔隙率为35%,有效饱和度为80%,同时有效孔隙率也为初始孔隙率的80%;混凝土基体的力学参数取(Yaman等,2002a)的试验数据,如表5-1所示。同时,假设电化学沉积产物的性质为混凝土基体的2/3。

表5-1　混凝土基体和水的性能

性　　能	体积模量(GPa)	剪切模量(GPa)
混凝土基体	27.91	18.45
水	2.25	0

类似Wang和Li(2007)的结果,取4个不同的等效长短轴的比0.1,0.2,0.5和1.0。基于本书所提的细观力学模型,可以得到修复过程,不同等效长短轴比混凝土的有效模量。图5-11表示不同等效长短轴比混凝土修复过程有效体积模量变化情况。从图中可以看出随着等效长短轴比的增加,修复饱和混凝土具有更高的有效体积模量。图5-12和图5-13表示不同等效长短轴比混凝土修复过程有效剪切模量和有效杨氏模量的变化情况。类似地,从图中可以看出随着等效长短轴比的增加,修复饱和混凝土具有更高的有效剪切模量和杨氏模量。

为了研究电化学产物性质对修复效果的影响,本章以三种不同电化学沉积产物为例(Zhu等,2014)进行说明。电化学沉积产物材料参数如表5-2所示。

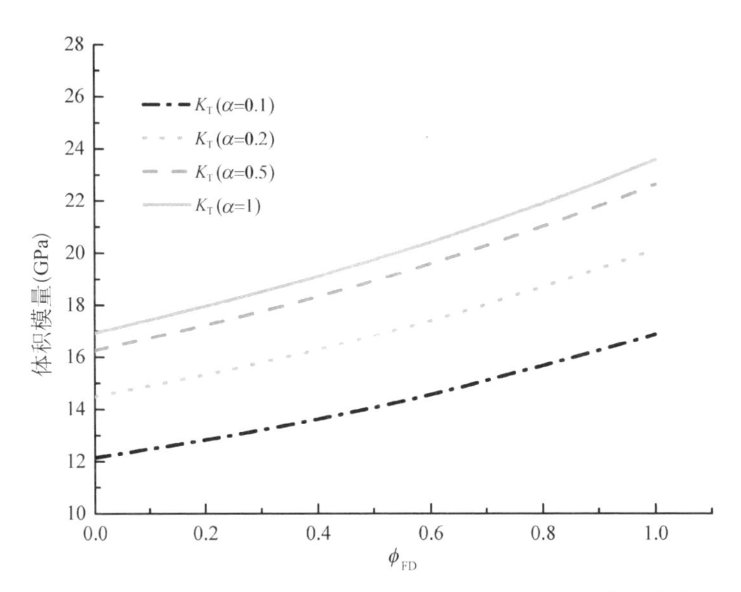

图 5-11　不同等效长短轴比混凝土修复过程有效体积模量变化

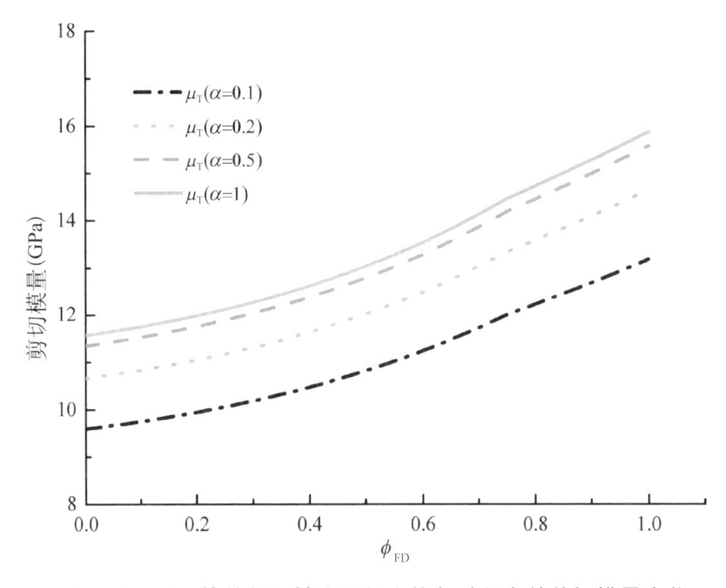

图 5-12　不同等效长短轴比混凝土修复过程有效剪切模量变化

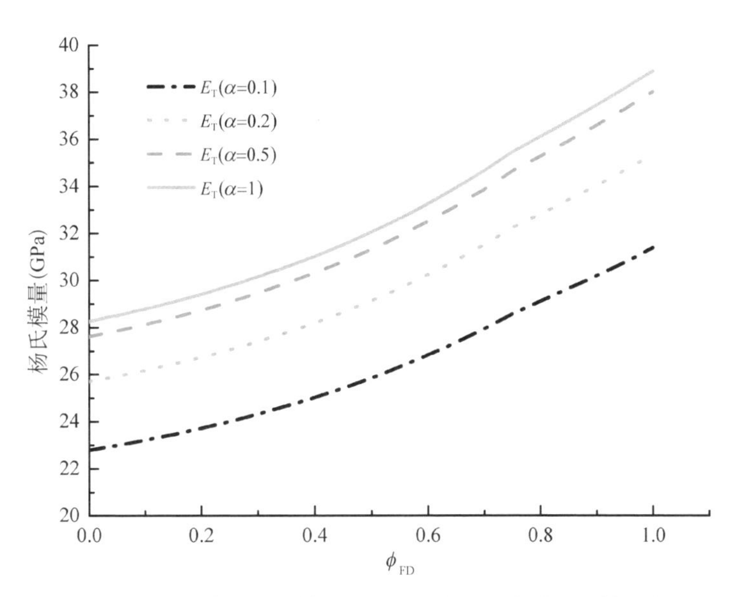

图 5－13　不同等效长短轴比混凝土修复过程有效杨氏模量变化

表 5－2　电化学沉积产物性能

性　能	体积模量(GPa)	剪切模量(GPa)
类型 1	18.61	12.3
类型 2	27.91	18.45
类型 3	41.865	27.675

同样，假设混凝土初始孔隙率为 35%，有效饱和度为 80%，同时有效孔隙率也为初始孔隙率的 80%，非饱和区域的长短轴之比为 0.2(Wang 和 Li，2007)。那么，基于本章所提的细观力学模型，可以得到不同电化学沉积产物作用下，修复过程混凝土的有效性能。

图 5－14 表示在不同类型电化学沉积产物作用下，修复过程混凝土的有效体积模量变化情况。图中 K_T(第一种)表示第一种电化学沉积产物对应的混凝土有效体积模量；类似有 K_T(第二种)和 K_T(第三种)的含义。从图中可以看出，随着电化学沉积产物性质的提高，混凝土的有效体积模量增加越多，修复效果更明显。

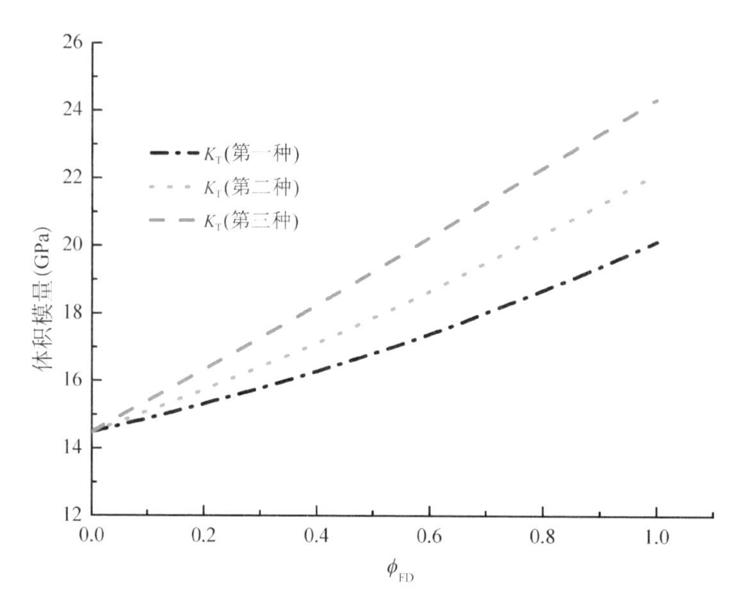

图 5-14　不同类型电化学沉积产物作用下,修复过程混凝土的有效体积模量变化

图 5-15 和图 5-16 表示在不同类型电化学沉积产物作用下,修复过程中混凝土的有效剪切模量和有效杨氏模量的变化情况。图中 μ_T(第一

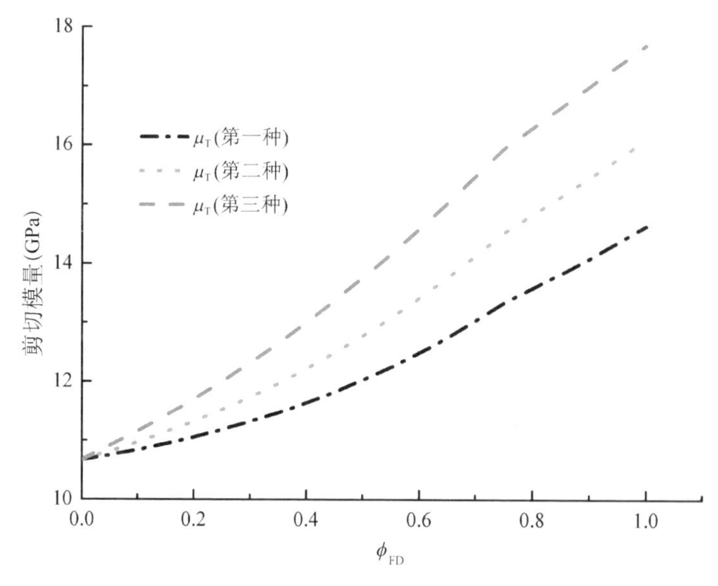

图 5-15　不同类型电化学沉积产物作用下,修复过程混凝土的有效剪切模量变化

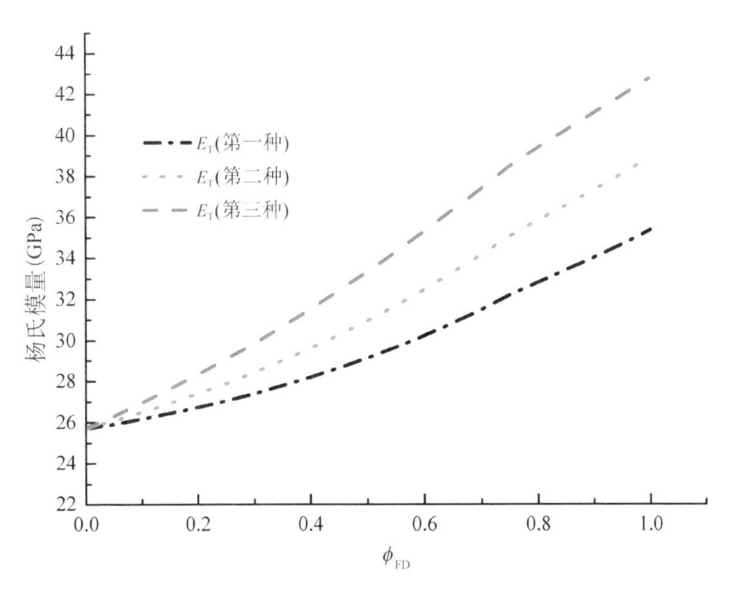

图 5 - 16　不同类型电化学沉积产物作用下,修复过程混凝土的有效杨氏模量变化

种)和 E_T(第一种)表示第一种电化学沉积产物对应的混凝土有效剪切模量和杨氏模量;类似有 μ_T(第二种)、μ_T(第三种)和 E_T(第二种)、E_T(第三种)的含义。同样,从图中可以看出,随着电化学沉积产物性质的提高,混凝土的有效模量增加越多,修复效果则更明显。

5.5　本 章 小 结

以第 4 章试验为基础,基于材料细观结构和修复的主要机理,本章提出了电化学沉积修复混凝土的多相复合材料细观力学模型。该模型将传统的混凝土骨料、砂浆及两者的界面视为基体相,将孔隙、水和电化学沉积产物视为夹杂相。为了预测所提细观力学模型的有效性能,采用了多层次均匀化的思路。首先,为了推广 M－T 方法的应用,引入近似修正函数,使其可用于预测等效夹杂的有效模量;接着,采用第 2 章模型获取等效基体的有效模量；再次，采用 Berryman(1980)的模型，获取等效修复混凝土的有效性能。为了考虑干燥等情况下的影响，又对所提模型进行了修正。最后通过数值案例和试验对比，得到如下一些主要结论：

(1) 经过近似函数修正后，无论含水量多少，M－T 方法都可以用于预测等效夹杂的有效模量。

(2) 通过试验对比，本章的多相复合材料细观力学模型和多层次均匀化方法可用来定量化描述混凝土的电化学沉积修复过程。同时，作为特例，该模型可以用来描述饱和混凝土的电化学沉积修复过程，还可以用来描述饱和与非饱和混凝土的有效力学性能。

(3) 数值计算结果表明，该模型可以定量给出电化学沉积产物的性质，以及混凝土的有效饱和度，混凝土内部的孔隙形状等对电化学沉积修复效果的影响。而且，电化学沉积产物强度越高，非饱和混凝土的有效饱和度越大，修复效果更明显；内部孔隙形状越趋于球形，修复混凝土的有效性越强。

第6章 电化学沉积修复混凝土随机细观力学模型及应用

对于一批试件而言，第 5 章确定性细观力学模型很难考虑不同修复试件间存在的差异性。为了刻画试件自身和修复过程的随机性对修复效果的影响，在第 4 章和第 5 章的基础上，以第 2 章和第 3 章所提随机细观力学模型思想为工具，本章采用非平稳随机过程（高斯过程）对电化学沉积产物的生长进行描述，建立了（饱和）混凝土电化学沉积修复的随机细观力学模型，为从细观层次定量描述修复过程混凝土宏观性能的概率特征演化提供理论手段。

6.1 电化学沉积修复过程的随机描述

6.1.1 电化学沉积修复过程的随机性

对于电化学沉积修复过程试件性能所表现出的随机性，总体而言可将其分成相关联的两个部分：① 试件自身存在内在的随机性：从第 4 章可以看出，由于生产、制作等因素导致同批生产的混凝土试件其微结构（如孔隙率）并不一致，同时其宏观性能（超声波速度）也不相同，即在修复之前，不同试件自身的微细观结构和宏观性能已表现出随机性；② 电化学沉积修复作用存在随机性，对于待修复试件而言，这可称为由修复引起的外在随机性：试验结果显示，经过修复后（无论是 14 d 还是 35 d），由于试件自身特点、电流强度分布、溶液浓度分布等因素差异，电化学沉积产物的数量和性质也是随机的，即不同试件孔隙率的变化和超声波速度的变化呈现出随机性。关于修复前和修复过程中不同试件孔隙率的分布和超声波速度的分布可参考本书第 4 章内容。

6.1.2 电化学沉积修复试件各组分性能的随机描述

本章亦采用随机向量对电化学沉积修复试件各组分力学性能进行描述。为了简化起见，本章只讨论饱和混凝土电化学沉积修复试件各组分力学性质的随机性，同时，还将水的力学性能视为常量。类似本书第 2 章和第 3 章的情况，设($\boldsymbol{\Omega}$, $\boldsymbol{\xi}$, P)是一概率空间，其中，$\boldsymbol{\Omega}$ 是样本空间，$\boldsymbol{\xi}$ 是样本空间的子集，P 是概率或者概率测度；$\boldsymbol{R}^N$ 是 N 维实向量空间。设 E_3，ν_3 代表电化学沉积修复试件中混凝土基体的杨氏模量和泊松比；E_2，ν_2 代表电化学沉积修复试件中电化学沉积产物的杨氏模量和泊松比；E_1，ν_1 代表电化学沉积修复试件中水的杨氏模量和泊松比。因此，视 E_1，ν_1 为常量，随机向量$[E_3, E_2, \nu_3, \nu_2]^{\mathrm{T}} \in \boldsymbol{R}^4$ 描述了电化学沉积修复试件中各组分力学性能的随机性。

6.1.3 电化学沉积产物含量的随机描述

考虑到随着修复过程的进行，修复混凝土的微结构（如孔隙率）也随之变化，因此，本章采用非平稳随机过程描述修复混凝土的孔隙率演化；同时，为了简化起见，不妨假设该随机过程为高斯过程。

设 $\phi(t)$ 为该非平稳高斯过程，$u(t)$ 为该过程的均值函数，$\delta(t)$ 为该随机过程的标准差函数，那么，定义 $\tilde{\phi}(t)$ 为标准化的孔隙率演化过程[式(6-1)]：

$$\tilde{\phi}(t)=\frac{\phi(t)-u(t)}{\delta(t)} \tag{6-1}$$

式中，$\tilde{\phi}(t)$为标准化的孔隙率。不难发现，$\tilde{\phi}(t)$的均值函数值为 0，标准差函数值为 1。

不难发现，$\phi(t=0)$ 是试件初始孔隙率，而沉积物的含量 $\phi_{\mathrm{d}}(t)$则可表示为

$$\phi_{\mathrm{d}}(t)=\phi(t=0)-\phi(t) \tag{6-2}$$

6.1.4　Karhunen－Loeve 分解

设 $R(t_1,\ t_2)$是随机过程$\tilde{\phi}(t)$的相关函数，那么有

$$R(t_1,\ t_2)=\sum_{i=1}^{\infty}\lambda_i f_i(t_1)f_i(t_2) \tag{6-3}$$

λ_i和 $f_i(t)$是 Fredholm 积分方程的特征值与特征函数，即：

$$\int_T R(t_1,\ t_2)f_i(t_1)\mathrm{d}t_1=\lambda_i f_i(t_2) \tag{6-4}$$

式中，T 是随机过程的定义域。所有特征函数构成一组完备的正交基，此时相应的随机过程可以分解为(Ghanem 和 Spanos，1991)：

$$\tilde{\phi}(t)=\sum_{i=1}^{\infty}\sqrt{\lambda_i}f_i(t)\xi_i \tag{6-5}$$

式中，$\{\xi_i,\ i=1,\ 2,\cdots\}$ 是一组互不相关的标准随机变量。

进一步，不妨假设该随机过程的相关函数(李杰和刘章军，2008)

$$R(t_1,\ t_2)=E[\phi(t_1)\phi(t_2)]=\exp(-c\mid t_2-t_1\mid) \tag{6-6}$$

那么根据文献(Ghanem 和 Spanos，1991；李杰和刘章军，2008)可得：

$$\tilde{\phi}(t')=\sum_{i=1}^{\infty}[\sqrt{\lambda_i}f_i(t')\xi_i+\sqrt{\lambda_i^*}\,f_i^*(t')\xi_i^*] \tag{6-7}$$

$$f_i(t') = \frac{\cos(\beta_i t')}{\sqrt{a + \frac{\sin(2\beta_i a)}{2\beta_i}}} \tag{6-8}$$

$$f_i^*(t') = \frac{\sin(\beta_i^* t')}{\sqrt{a - \frac{\sin(2\beta_i^* a)}{2\beta_i^*}}} \tag{6-9}$$

式中，t'为局部坐标，$t' = t - a$，a 为随机过程的半长，即该随机过程的定义域为 $T' = [-a, a]$；系数 β_i 和 β_i^* 由如下超越方程确定

$$c - \beta\tan(\beta a) = 0 \tag{6-10}$$

$$\beta^* + c\tan(\beta^* a) = 0 \tag{6-11}$$

式中，$c = 1/Lr$，Lr 为相关长度。

对应的特征值可以通过下式分别确定：

$$\lambda_i = \frac{2c}{\beta_i^2 + c^2} \tag{6-12}$$

$$\lambda_i^* = \frac{2c}{\beta_i^{*2} + c^2} \tag{6-13}$$

由于方程(6-10)和方程(6-11)是超越方程，其解可以通过数值逼近的方法进行近似求解，详见本章第 6.3 节。

在实际应用中，取自最大特征值依次降低的前 M 阶展开式即可满足需要的精度。即

$$\tilde{\phi}(t') \approx \sum_{i=1}^{M} \left[\sqrt{\lambda_i} f_i(t')\xi_i + \sqrt{\lambda_i^*} f_i^*(t')\xi_i^*\right] \tag{6-14}$$

那么，孔隙率的演化可以近似由下式计算：

$$\begin{aligned} \phi(t) &= u(t) + \delta(t)\tilde{\phi}(t) \\ &\approx u(t) + \delta(t)\left\{\sum_{i=1}^{M}\left[\sqrt{\lambda_i} f_i(t')\xi_i + \sqrt{\lambda_i^*} f_i^*(t')\xi_i^*\right]\right\} \end{aligned} \tag{6-15}$$

6.2　电化学沉积修复饱和混凝土的细观力学框架

6.2.1　基于微结构的修复饱和混凝土细观力学模型

将第 5 章有效饱和度取为 100%，便可获得电化学沉积修复饱和混凝土的细观力学模型。为了本章的完整性，本节亦对电化学沉积修复饱和混凝土的细观力学模型作简要介绍。作为非饱和混凝土的一种特例，饱和混凝土是指混凝土的孔隙完全由水填满。在细观层次，电化学沉积修复的饱和混凝土可视为由混凝土基体、水和电化学沉积产物组成的三相复合材料。

同理，为了建立修复混凝土的细观力学模型，基于微结构的特点和修复机理，假设：① 饱和混凝土中所有孔隙形状为球形；② 电化学沉积产物沿孔隙周边均匀分布，同时，在修复过程，各个孔隙内电化学沉积产物体积和对应孔隙体积成固定比例；③ 电化学沉积产物和混凝土基体的黏结完好。基于上述假定，可以获得修复饱和混凝土的细观力学模型，如图6 - 1 所示。基于此模型，可将修复过程视为孔隙中的水被电化学沉积产物所替代的过程。通过预测该模型的有效性能，可以从细观层次定量描述电化学沉积修复饱和混凝土的过程。

6.2.2　分层均匀化获取有效模量

类似于第 5 章思路，这里采取分步均匀化的思路预测电化学沉积修复饱和混凝土的有效力学参数，如图 6 - 2 所示。第一层次均匀化是采用广义自洽模型(Christensen 和 Lo，1979)获取等效夹杂的有效性能，如图 6 - 2 (a)所示；第二层次均匀化采用本书第 2 章模型获取等效复合材料的有效模量，如图 6 - 2(b)所示。

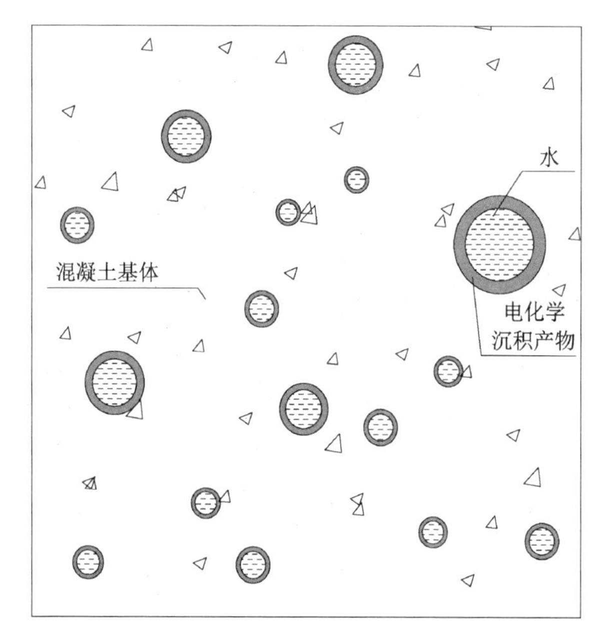

图 6-1　修复饱和混凝土细观力学模型

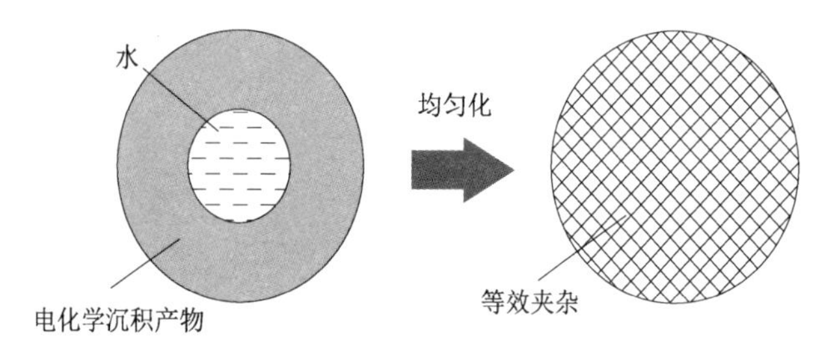

(a) 第一步：对电化学沉积产物和水组成的两相材料进行均匀化

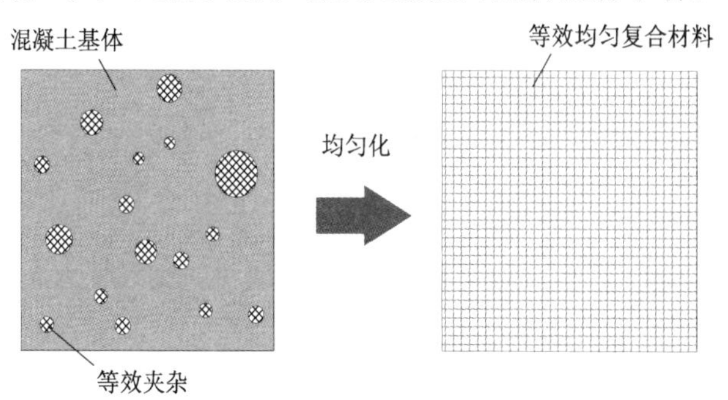

(b) 第二步：对混凝土基体和等效夹杂组成的两相材料进行均匀化

图 6-2　分步均匀化的思路

1. 等效夹杂的有效模量

将电化学沉积产物视为广义自洽模型(Christensen 和 Lo,1979)中的外层组分材料,将水视为内层组分材料,那么有等效夹杂的有效模量如下:

$$K_F = K_2 + \frac{\phi_{FW}(K_1 - K_2)(3K_2 + 4\mu_2)}{3K_2 + 4\mu_2 + 3(1 - \phi_{FW})(K_1 - K_2)} \tag{6-16}$$

$$A\left(\frac{\mu_F}{\mu_2}\right)^2 + B\left(\frac{\mu_F}{\mu_2}\right) + C = 0 \tag{6-17}$$

$$\phi_{FW} = \frac{\phi(t)}{\phi(t=0)} \tag{6-18}$$

式中,ϕ_{FW}为 t 时刻水占等效夹杂(由水和电化学沉积产物组成)的体积含量;K_F 和 μ_F是等效夹杂的有效体积模量和剪切模量;K_1 是水的体积模量;K_2 和 μ_2 是电化学沉积产物的体积模量和剪切模量;系数 A, B, C 参考第 5 章。

2. 等效复合材料的有效模量

经过第一步均匀化处理后,可将电化学沉积修复的饱和混凝土视为混凝土基体和等效夹杂组成的两相材料,那么,根据式(2-32)和式(2-33),可获取修复饱和混凝土的有效性能。即:

$$K_S = K_3\left[1 + \frac{3(1-\nu_3)(K_F - K_3)\phi_e}{3(1-\nu_3)K_3 + (1-\phi_e)(1+\nu_3)(K_F - K_3)}\right] \tag{6-19}$$

$$\mu_S = f(\phi_w)\mu_3\left[1 + \frac{15(1-\nu_3)(\mu_F - \mu_3)\phi_e}{15(1-\nu_3)\mu_3 + (1-\phi_e)(8-10\nu_3)(\mu_F - \mu_3)}\right] \tag{6-20}$$

$$\phi_e = m\phi(t=0) \tag{6-21}$$

$$f(\phi_W) = a\phi_W^2 + b\phi_W + 1 \tag{6-22}$$

$$\phi_W = \frac{V_{wat}}{V_{tot}} = \phi(t) \tag{6-23}$$

式中，ϕ_e是有效孔隙率；m 是考虑了进一步水化作用的影响系数；$f(\phi_W)$是考虑水对剪切模量的增大作用系数(Zhu 等，2014)；K_S和 μ_S是修复饱和混凝土的有效体积模量和剪切模量；K_3 和 μ_3 是混凝土基体的体积模量和剪切模量；系数 a，b 为试验参数，用于考虑水对剪切模量的增大作用。同理，在干燥情况下，也需要对饱和修复混凝土有效模量进行修正，过程可以参考第 5 章。

6.3 随机细观力学模型预测结果及验证

6.3.1 K-L 分解结果及其验证

1. K-L 分解结果的特征

在验证本章 K-L 分解结果之前，本节先探讨不同相关长度下的 K-L 分解结果。分别取 $Lr=35, 70, 105$，$T=35$，$T'=[-17.5, 17.5]$ 进行计算。超越方程(6-10)和方程(6-11)的前 6 个解，如表 6-1 所示；各个解对应的特征值如表 6-2 所示。

表 6-1 超越方程(6-10)和方程(6-11)的前 6 个解

系 数	$Lr=35$，$c=1/35$	$Lr=70$，$c=1/70$	$Lr=105$，$c=1/105$
β_1	0.037 329 833 360 908	0.027 433 602 840 490 5	0.022 700 176 409 300 5
β_1^*	0.104 948 596 747 614	0.098 028 905 287 261 6	0.095 442 966 357 505 0
β_2	0.188 131 786 628 546	0.183 948 264 917 299	0.182 499 200 923 029
β_2^*	0.275 190 974 449 493	0.272 274 784 521 987	0.271 284 609 339 584
β_3	0.363 521 260 524 865	0.361 297 330 788 857	0.360 548 145 529 059
β_3^*	0.452 402 992 149 097	0.450 609 948 799 441	0.450 008 121 355 075

表 6 - 2　超越方程(6 - 10)和方程(6 - 11)的前 6 个解对应的特征值

系 数	$Lr=35$，$c=1/35$	$Lr=70$，$c=1/70$	$Lr=105$，$c=1/105$
λ_1	25.858 333 563 900 164	29.865 057 505 079 8	31.431 664 970 201 6
λ_1^*	4.830 116 271 721 629	2.911 367 690 462 99	2.070 379 247 786 19
λ_2	1.578 100 574 013 997	0.839 322 879 219 177	0.570 345 007 988 925
λ_2^*	0.746 512 676 329 481	0.384 346 726 671 763	0.258 496 975 488 525
λ_3	0.429 761 761 045 131	0.218 536 506 888 094	0.146 423 655 367 348
λ_3^*	0.278 088 008 733 359	0.140 570 477 564 176	0.094 016 811 111 050 6

根据式(6 - 8)和式(6 - 9)，可以获取超越方程前 6 个解对应的特征函数，如图 6 - 3—图 6 - 5 所示。

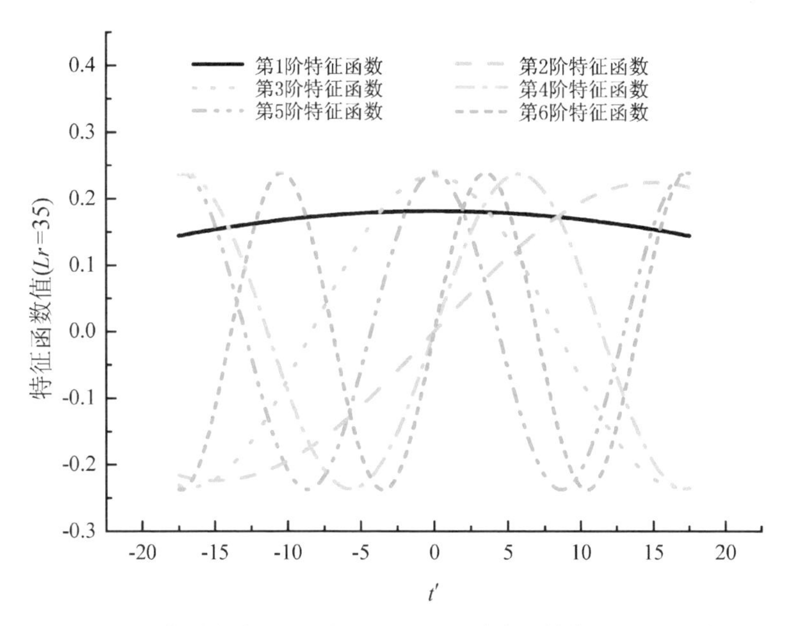

图 6 - 3　相关长度为 35 时，Fredholm 积分方程的前 6 阶特征函数

图 6 - 6 表示不同相关长度对应的前 20 阶特征值递减情况，到第 20 阶时已趋于零。

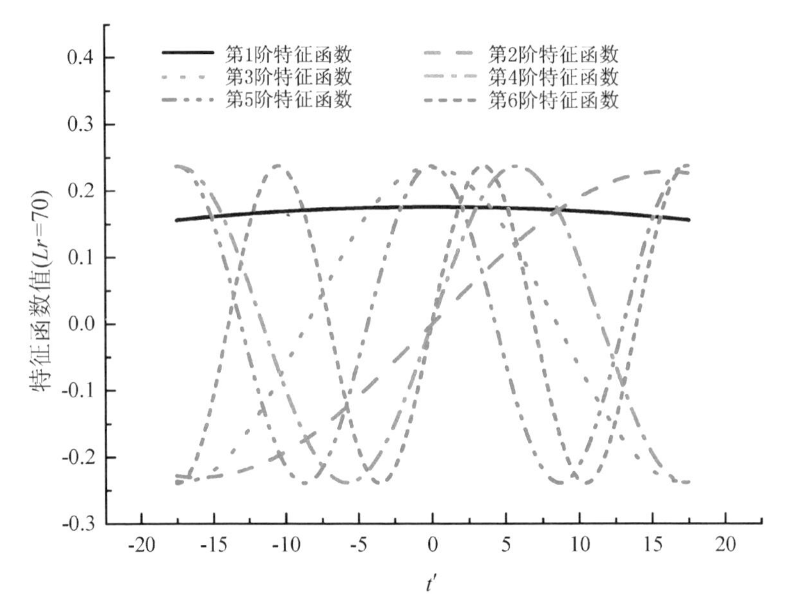

图 6-4　相关长度为 70 时，Fredholm 积分方程的前 6 阶特征函数

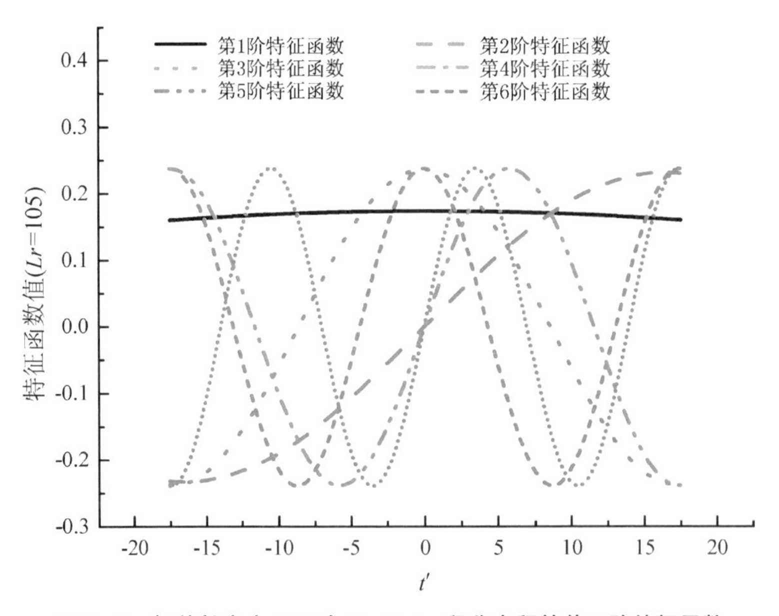

图 6-5　相关长度为 105 时，Fredholm 积分方程的前 6 阶特征函数

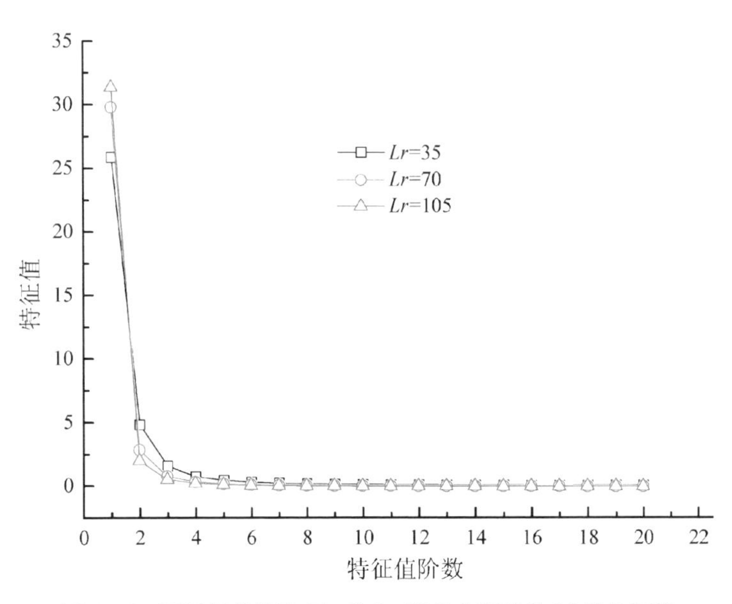

图 6-6　不同相关长度，Fredholm 积分方程的前 20 阶特征值

从以上求解可以看出，随着相关长度的增加，Fredholm 积分方程的特征值降低越快，而特征函数基本不变。也就是说，为了达到同样的精度，随着相关长度的增加，方程(6-15)的 M 值可以相对较小。

2. K-L 分解结果的验证

为了验证本章 K-L 分解结果，首先需要确定其相关函数式(6-6)的常数 c 的值。考虑试验数据有限，采用如下方式对常数 c 的值进行估计。设 Φ_0，Φ_{14} 和 Φ_{35} 是修复前、修复 14 d、修复 35 d 后 13 个试件孔隙率组成的列向量，其中 $\bar{\Phi}_0$，$\bar{\Phi}_{14}$ 和 $\bar{\Phi}_{35}$ 是对应的均值，δ_0，δ_{14} 和 δ_{35} 是对应的方差，取修复 0 d，14 d 和 35 d 后的三个段口数据进行估计，那么有：

$$\exp(-\hat{c}_1 \mid t_2 - t_1 \mid) = \exp(-\hat{c}_1 \mid 14 - 0 \mid)$$

$$= \frac{1}{13}\left(\frac{\Phi_0 - \bar{\Phi}_0}{\delta_0}\right) \cdot \left(\frac{\Phi_{14} - \bar{\Phi}_{14}}{\delta_{14}}\right) \qquad (6-24)$$

$$\exp(-\hat{c}_2 \mid t_2 - t_1 \mid) = \exp(-\hat{c}_2 \mid 35 - 14 \mid) = \frac{1}{13}\left(\frac{\Phi_{14} - \bar{\Phi}_{14}}{\delta_{14}}\right)\cdot\left(\frac{\Phi_{35} - \bar{\Phi}_{35}}{\delta_{35}}\right) \tag{6-25}$$

$$\exp(-\hat{c}_3 \mid t_2 - t_1 \mid) = \exp(-\hat{c}_3 \mid 35 - 0 \mid) = \frac{1}{13}\left(\frac{\Phi_{0} - \bar{\Phi}_{0}}{\delta_{0}}\right)\cdot\left(\frac{\Phi_{35} - \bar{\Phi}_{35}}{\delta_{35}}\right) \tag{6-26}$$

$$\hat{c} = \frac{\hat{c}_1 + \hat{c}_2 + \hat{c}_3}{3} \tag{6-27}$$

代入第 4 章试验数据可以得到 $\hat{c} = 143$。基于上节讨论可取 $M=20$。

采用二次多项式拟合，可得均值函数 $u(t)$ 和标准差函数 $\delta(t)$ 如下：

$$u(t) = 0.2999 - 0.00334t + 4.72789 \times 10^{-5} t^2 \tag{6-28}$$

$$\delta(t) = 0.02584 + 6.49429 \times 10^{4} t - 1.54694 \times 10^{-5} t^2 \tag{6-29}$$

根据式(6－1)、式(6－2)及 K－L 分解，可以对修复过程电化学沉积的生长情况进行模拟。

图 6－7 表示采用 K－L 分解模拟的电化学沉积产物含量演化和试验数据对比情况。从图中可以看出，本章方法可以反映修复过程不同试件间的差异性，同时，整体趋势上也符合修复的效果。

6.3.2 随机细观力学模型预测结果及其验证

由上节可知，通过非平稳高斯过程的 K－L 分解，可以通过有限个不相关随机变量来描述电化学沉积修复过程的孔隙率演化。本节以上节 K－L 分解结果作为修复饱和混凝土细观力学模型的输入，预测在干燥条件下修复混凝土的有效模量演化。依据第 4 章试验数据分析结果，假设混凝土基体参数符合对数正态分布，统计参数可以按表 6－3 取值。

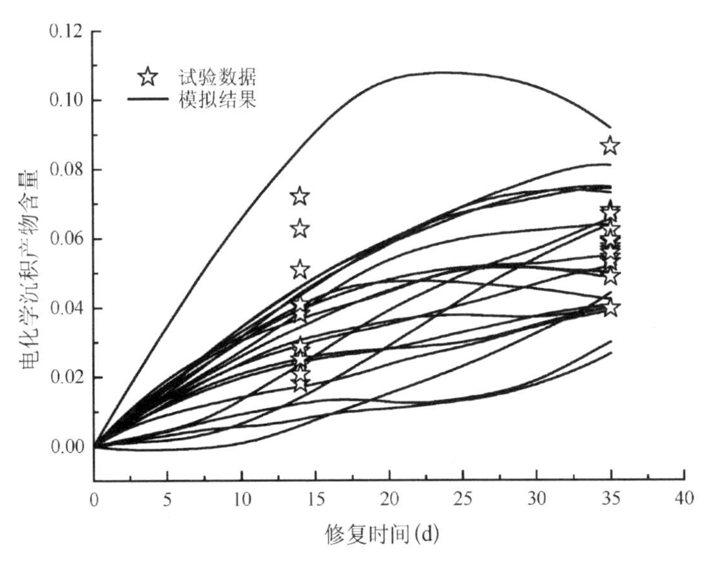

图 6－7　电化学修复过程沉积产物含量演化模拟与试验数据对比

表 6－3　混凝土基体材料参数

随 机 变 量	均　　值	变 异 系 数
E_3(GPa)	56.87	0.15
ν_3	0.229	0.1

类似于文献(Zhu 等，2014)，为简化计算，可近似取电化学沉积产物的性能和混凝土基体相同。空气的杨氏和剪切模量取为常量 0。那么，基于本章所提饱和混凝土电化学沉积修复的随机细观力学模型，可以获取修复过程混凝土有效模量的概率密度。图 6－8 表示在干燥条件下，由本章模型获取的修复前试件的有效模量概率密度和试验数据对比情况。图中曲线(短划线和实线)表示修复前由本章模型获得的试件有效(剪切和杨氏)模量的概率密度；圆圈表示试验点，是指干燥条件下，修复前试件的动杨氏模量；三条直线分别表示杨氏模量试验数据的均值、均值－标准差以及均值＋标准差。从图中可以看出，试验数据点都落在本章模拟结果的范围

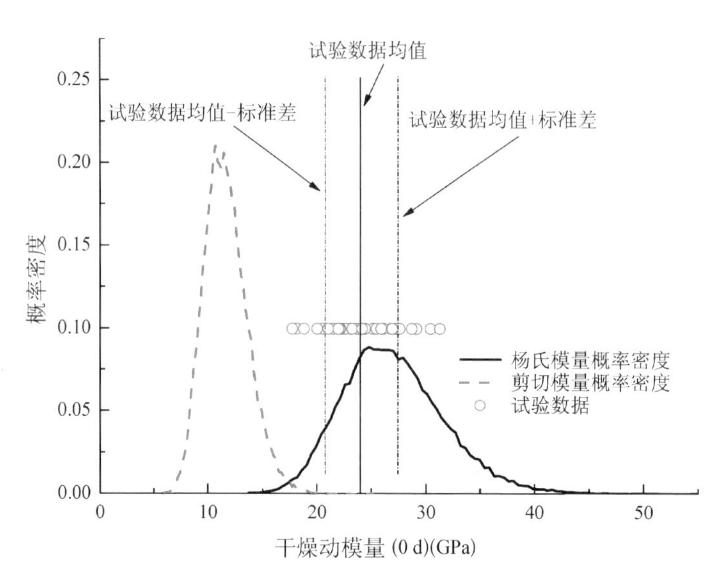

图 6-8　干燥条件下，本章模型获取的修复前试件的有效模量概率密度和试验数据对比

内，而且绝大部分试验点都落在概率较高区域，说明了本章方法的合理性。

图 6-9 和图 6-10 表示在干燥条件下，由本章模型获取的修复 14 d

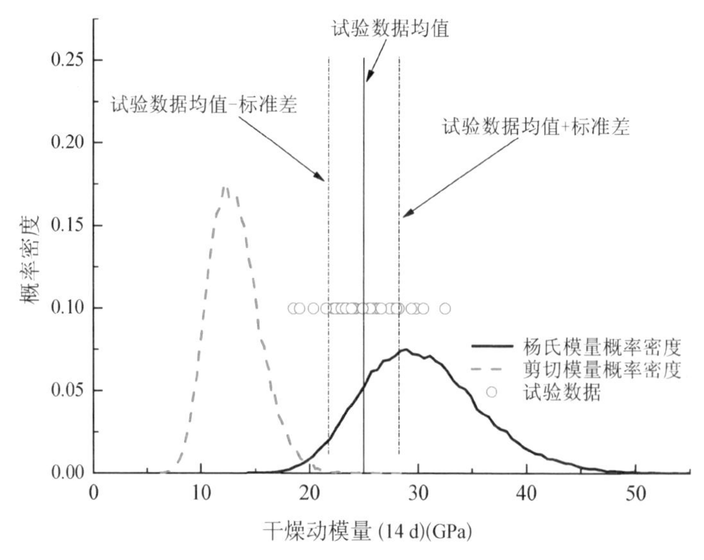

图 6-9　干燥条件下，本章模型获取的修复 14 d 试件的有效模量概率密度和试验数据对比

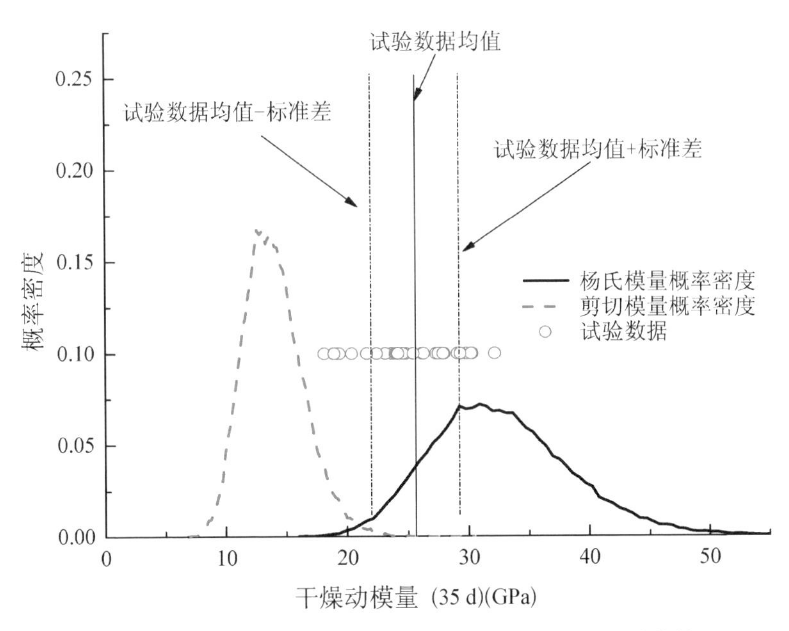

图 6-10　干燥条件下，本章模型获取的修复 35 d 后试件的有效模量概率密度和试验数据对比

后和 35 d 件的有效模量概率密度和试验数据对比情况。类似图 6-8，试验数据点都落在本章模拟结果的范围内，但是试验点所在区域和概率较高区域有点偏离，其主要原因是此时混凝土的非饱和程度较高。

从以上对比可以看出，本章所提的饱和混凝土电化学沉积修复随机细观力学模型可以较好地反映真实的修复过程，和第 5 章确定性细观力学模型相比，随机修复模型可以反映出修复试件自身和修复过程的随机性。

6.3.3　混凝土基体随机性对修复后材料宏观性能概率特征的影响

作为混凝土的重要组分，混凝土基体的性质，将很大程度影响修复后混凝土的概率特征。为此，本节取两种不同的混凝土基体，讨论不同混凝土基体对修复后混凝土有效性能统计特征的定量影响。两种不同混凝土基体力学性能的统计参数如表 6-4 所示，随机变量符合对数正态分布；电化学沉积产物的力学性能统计参数取表 6-5 中的第一类型；初始孔隙率取 0.35，为常量。采用蒙特卡洛法模拟，次数为 10^6 次。

表 6-4 混凝土基体材料参数

混凝土基体类型	随机变量	均值	变异系数
第一种	E_2(GPa)	56.87	0.15
	ν_2	0.229	0.1
第二种	E_2(GPa)	56.87	0.3
	ν_2	0.229	0.1

表 6-5 三种电化学沉积产物力学性能的统计参数

电化学沉积产物类型	随机变量	均值	变异系数
第一种	E_2(GPa)	37.91	0.15
	ν_2	0.229	0.1
第二种	E_2(GPa)	56.87	0.15
	ν_2	0.229	0.1
第三种	E_2(GPa)	85.31	0.15
	ν_2	0.229	0.1

图 6-11 表示不同混凝土基体对应的修复混凝土有效体积模量的均值和标准差对比情况。图中三条实线分别表示第一种混凝土基体下，修复混凝土有效体积模量的均值－标准差、均值和均值＋标准差；三条短划线分别表示第二种混凝土基体下，修复混凝土有效体积模量的均值－标准差、均值和均值＋标准差。从图中可以看出，在混凝土基体均值相同的情况下，尽管变异系数有所差别，但是修复后混凝土有效体积模量的均值也是几乎一致；所不同的是，当混凝土基体的变异系数变大时，修复后混凝土有

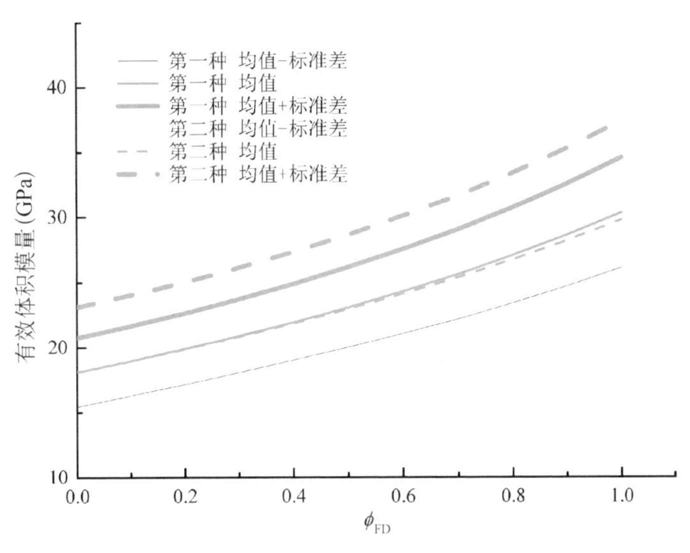

图 6-11　不同混凝土基体对应的修复混凝土有效体积模量的均值和标准差对比

效体积模量的标准差比较大。

图 6-12 和图 6-13 分别表示不同混凝土基体对应的修复混凝土有效剪切模量和有效杨氏模量的均值和标准差对比情况。类似图 6-11，

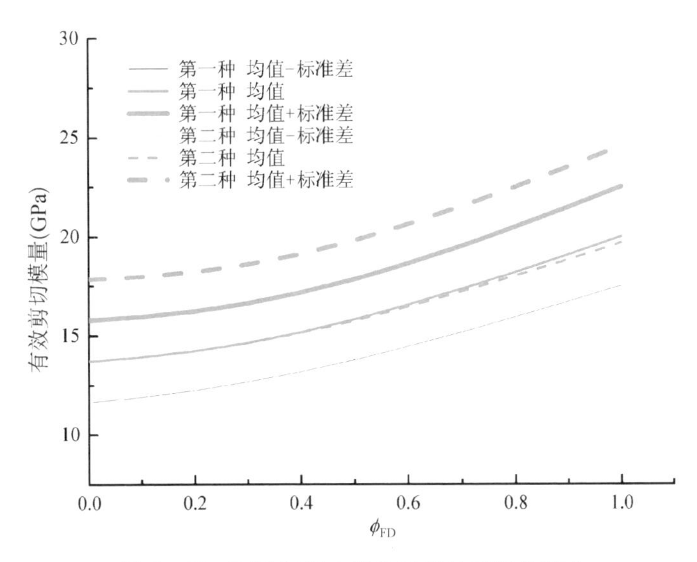

图 6-12　不同混凝土基体对应的修复混凝土有效剪切模量的均值和标准差对比

从图6－12和图6－13中可以看出，在混凝土基体均值相同的情况下，尽管变异系数有所差别，但是修复后混凝土有效模量的均值也是几乎一致；当混凝土基体的变异系数变大时，修复后混凝土有效模量的标准差比较大。

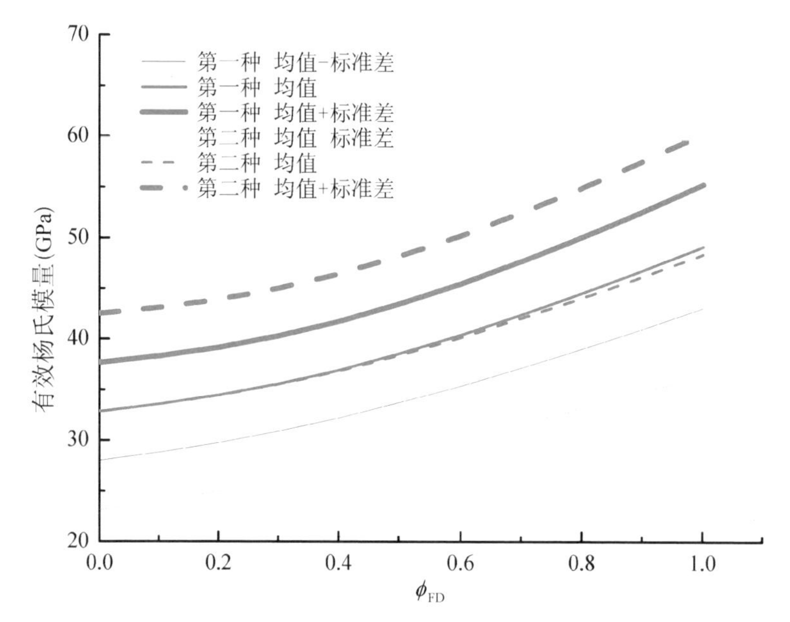

图6－13　不同混凝土基体对应的修复混凝土有效杨氏模量的均值和标准差对比

图6－14表示不同混凝土基体下，不同修复程度混凝土有效体积模量概率直方图。图中三条实线分别表示第一种混凝土基体下，修复了10％，50％和90％（即电化学沉积产物含量占等效夹杂的百分比）的混凝土有效体积模量概率直方图；三条短划线分别表示第二种混凝土基体下，修复了10％，50％和90％（即电化学沉积产物含量占等效夹杂的百分比）的混凝土有效体积模量概率直方图。从图中可以看出，随着修复过程的推进，修复混凝土有效体积模量呈增大趋势；当混凝土基体的变异系数变大时，修复后混凝土有效体积模量的分布范围更广。图6－15和图6－16表示不同混凝土基体下，不同修复程度混凝土有效剪切模量和有效杨氏模量概率直方

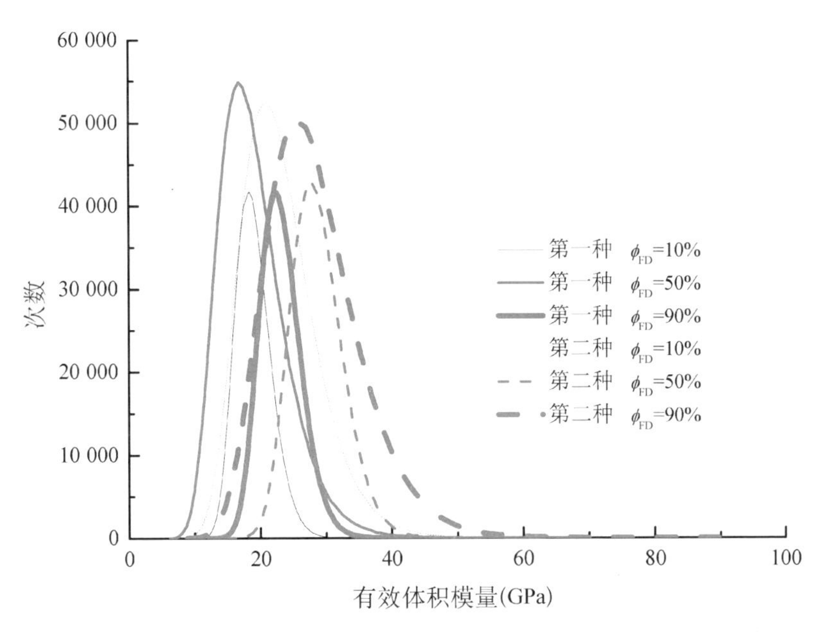

图6-14　不同混凝土基体下，不同修复程度混凝土有效体积模量概率直方图

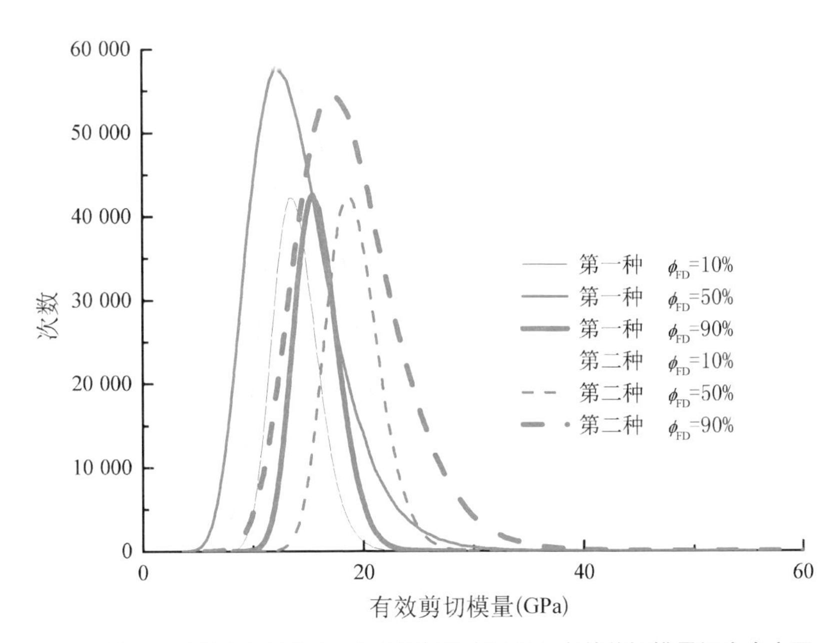

图6-15　不同混凝土基体下，不同修复程度混凝土有效剪切模量概率直方图

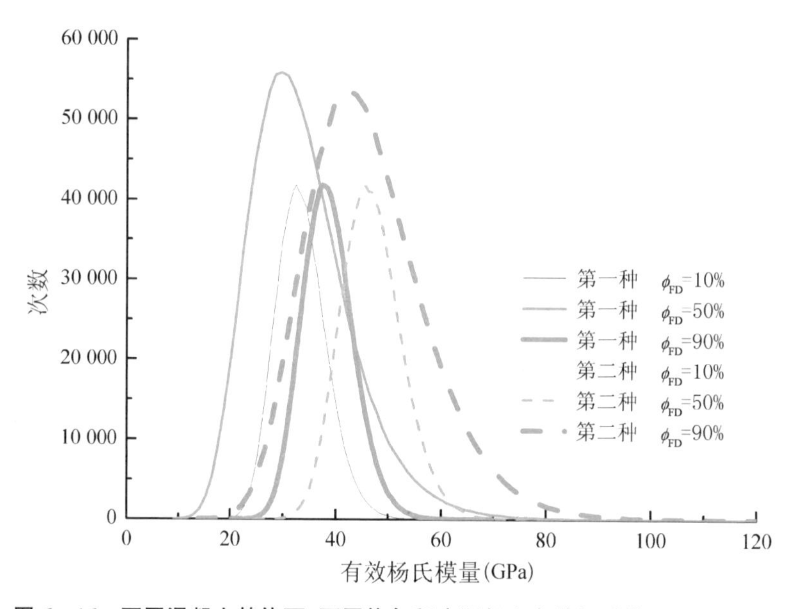

图 6-16　不同混凝土基体下,不同修复程度混凝土有效杨氏模量概率直方图

图。类似地,从图中可以看出,随着修复过程的推进,修复混凝土有效剪切模量和有效杨氏模量呈增大趋势;当混凝土基体的变异系数变大时,修复后混凝土有效剪切模量和有效杨氏模量的分布范围更广。

6.3.4　电化学沉积产物随机性对修复后材料宏观性能概率特征的影响

作为修复后混凝土的重要组分,电化学沉积产物的性质,将很大程度影响修复的效果。为此,本节取三种不同的电化学沉积产物,讨论不同电化学沉积产物对修复后混凝土力学性能统计特征的定量影响。三种不同的电化学沉积产物力学性能的统计参数如表 6-5 所示。混凝土基体的材料统计参数按表 6-3 取用。采用蒙特卡洛法模拟,次数为 10^6 次。

图 6-17 表示三种电化学沉积产物修复下,等效夹杂有效体积模量均值的变化情况。从图中可以看出,随着电化学沉积产物性能的提高,修复过程中,等效夹杂的体积模量也随之提高。图 6-18 和图 6-19 分别表示

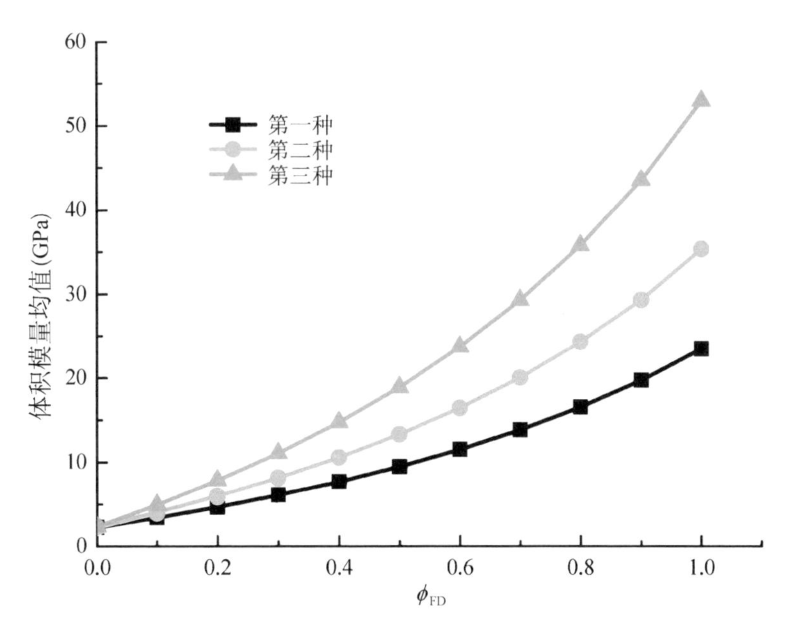

图 6－17　三种电化学沉积产物修复下，等效夹杂有效体积模量均值的变化情况

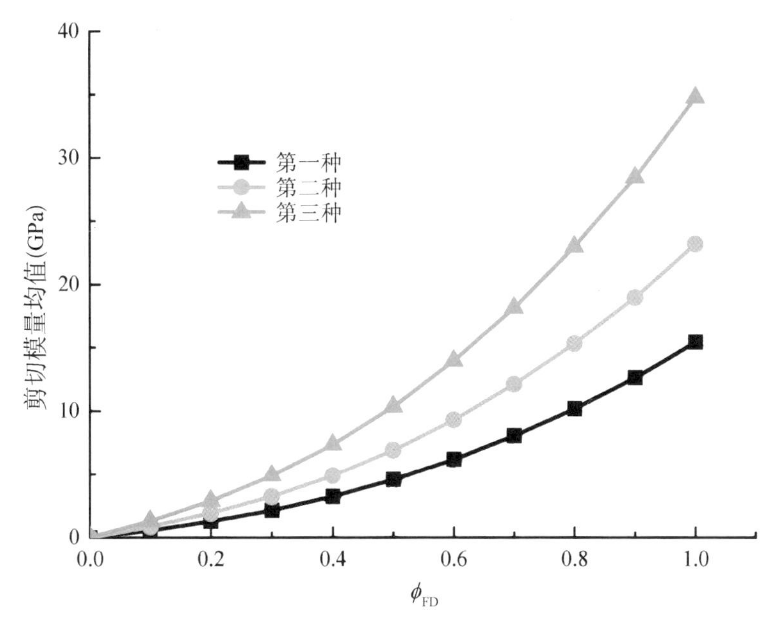

图 6－18　三种电化学沉积产物修复下，等效夹杂有效剪切模量均值的变化情况

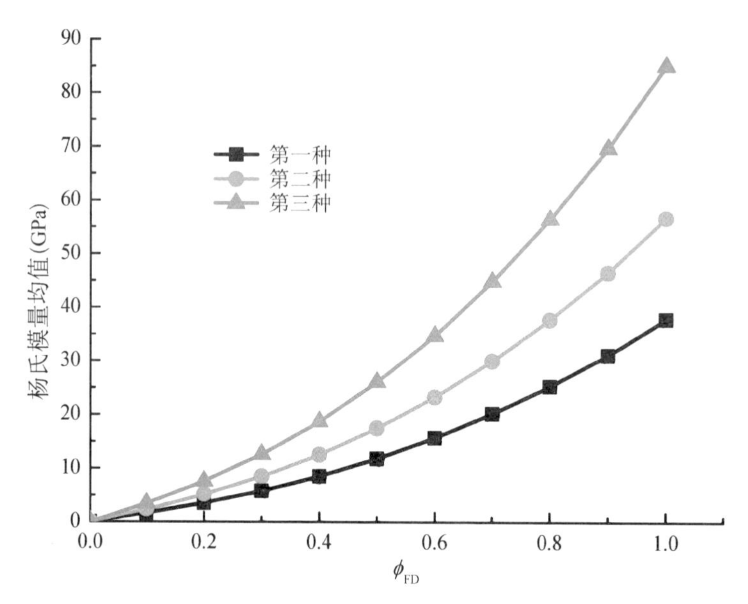

图 6-19　三种电化学沉积产物修复下，等效夹杂有效杨氏模量均值的变化情况

三种电化学沉积产物修复下，等效夹杂有效剪切模量和有效杨氏模量均值的变化情况。类似图 6-17，随着电化学沉积产物性能的提高，修复过程中，等效夹杂的剪切模量和杨氏模量均值也随之提高。

图 6-20、图 6-21 和图 6-22 分别表示三种电化学沉积产物下，修复后饱和混凝土有效体积模量、有效剪切模量和有效杨氏模量均值的变化情况。从图中可以看出，随着电化学沉积产物性能的提高，修复后饱和混凝土有效模量的均值也随之增加。

图 6-23 表示三种电化学沉积产物下，修复饱和混凝土体积模量的概率直方图对比情况。图中三条实线(短划线、点划线)分别表示第一种(第二种、第三种)电化学沉积产物作用下，饱和混凝土修复了 10%，50%和 90%时(即电化学沉积产物含量占等效夹杂体积含量的 10%，50%和 90%)，其有效体积模量的概率直方图。从图中可以看出，对三种沉积产物而言，随着修复过程的推进，饱和混凝土有效体积模量都增加；当电化学沉积产物性能提高时，修复后混凝土具有更高有效体积模量的概率也更大。图 6-24 和图 6-25 表示

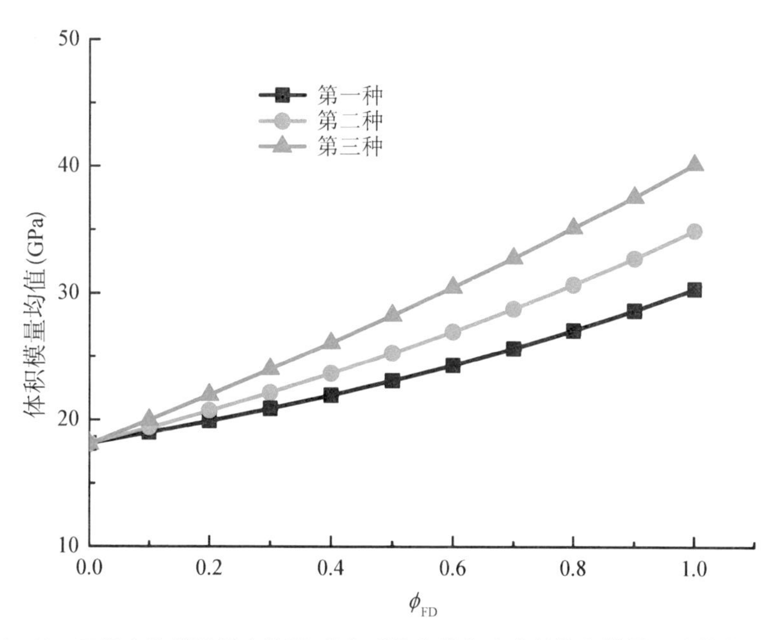

图 6-20　三种电化学沉积产物下,修复后饱和混凝土有效体积模量均值的变化情况

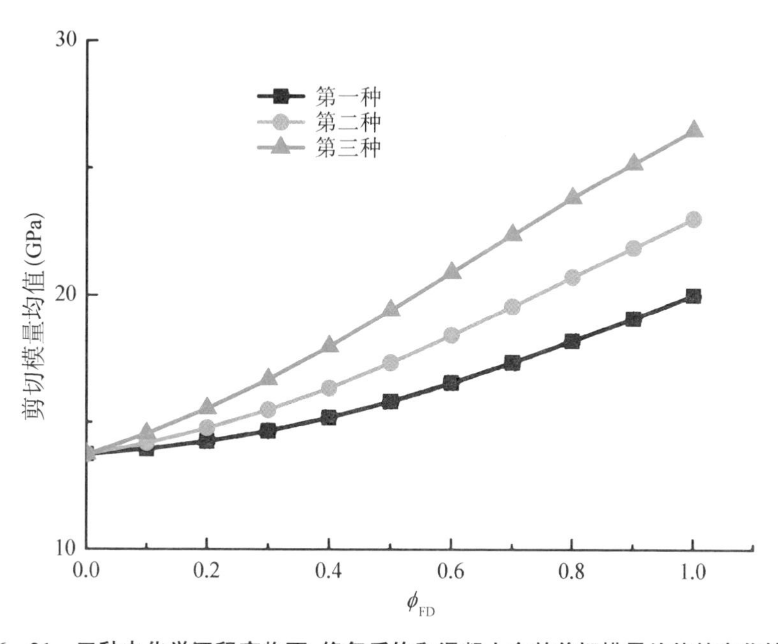

图 6-21　三种电化学沉积产物下,修复后饱和混凝土有效剪切模量均值的变化情况

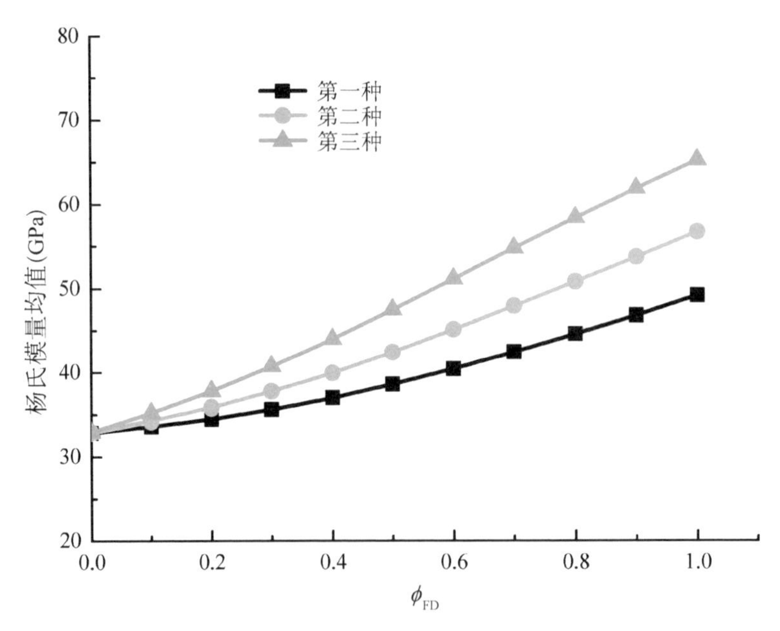

图 6-22 三种电化学沉积产物下,修复后饱和混凝土有效杨氏模量均值的变化情况

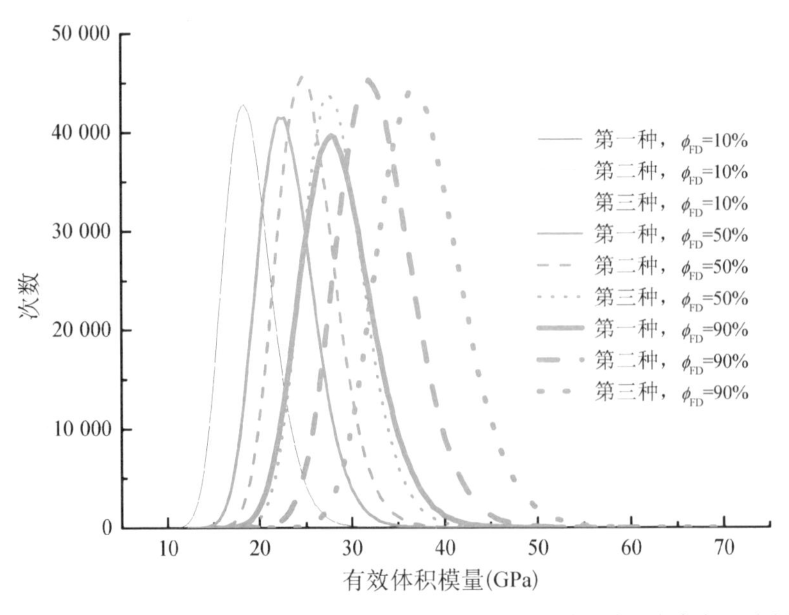

图 6-23 三种电化学沉积产物下,修复饱和混凝土有效体积模量的概率直方图对比情况

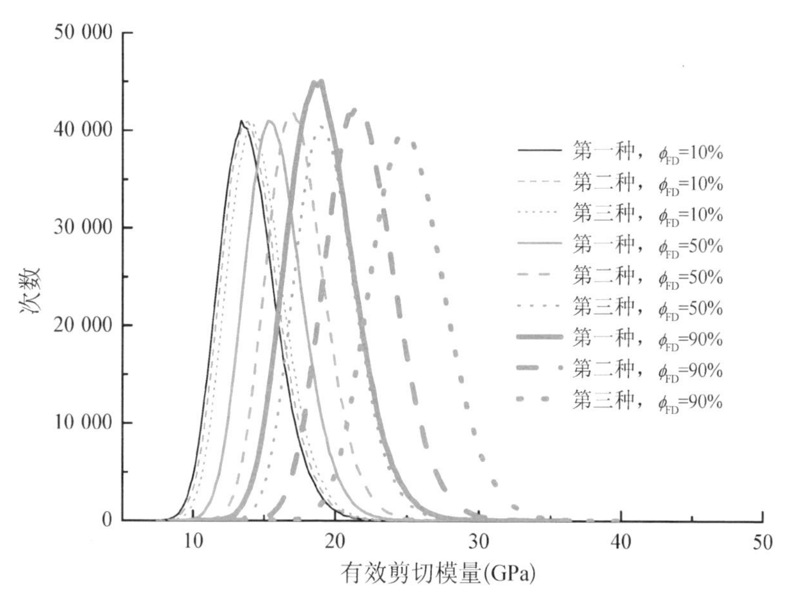

图 6－24　三种电化学沉积产物下，修复饱和混凝土有效剪切模量的概率直方图对比情况

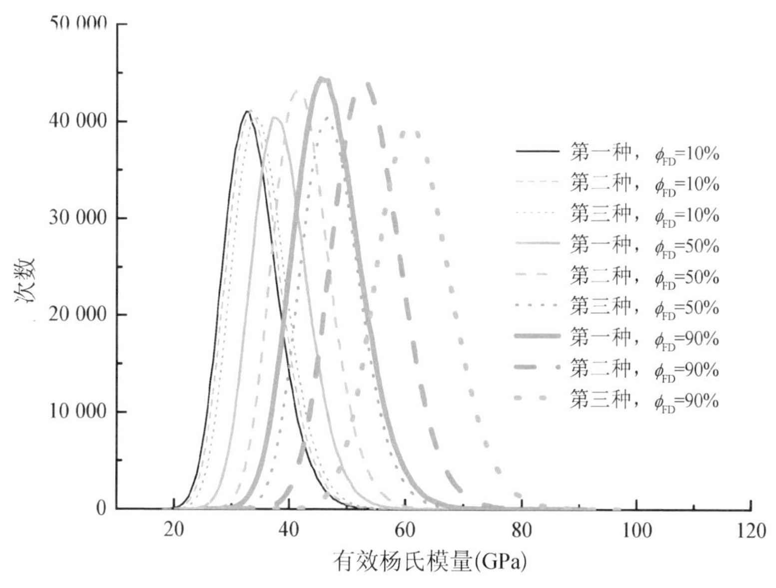

图 6－25　三种电化学沉积产物下，修复饱和混凝土有效杨氏模量的概率直方图对比情况

三种电化学沉积产物下，修复饱和混凝土有效剪切模量和有效杨氏模量的概率直方图对比情况。与之类似，对三种沉积产物而言，随着修复过程的推进，饱和混凝土有效模量增加；当电化学沉积产物性能提高时，修复后混凝土具有更高有效模量的概率也更大。

6.4 本章小结

本章以第4章内容为物理基础，借助第2章和第3章所提随机细观力学模型思想，结合第5章所提的电化学沉积修复混凝土的确定性细观力学模型，建立了描述饱和混凝土电化学沉积修复的随机细观力学模型：采用随机向量对修复饱和混凝土组分力学性能进行描述，采用非平稳随机过程对电化学沉积产物生长进行描述，并采用K-L分解对其进行近似；基于此，对修复过程混凝土宏观性能的概率特征进行了研究，通过数值案例和试验对比，得到如下一些主要结论：

(1) 非平稳高斯过程和对应的K-L分解可以较好地反映修复过程中混凝土孔隙率的演化规律，为电化学沉积产物生长描述提供理论手段。

(2) 通过试验对比，发现本章所提随机细观力学模型和试验结果吻合较好，不仅可以反映修复过程混凝土整体有效性能演化趋势，同时，还反映混凝土个体修复存在的差异性。

(3) 基于此模型可以定量给出混凝土基体、电化学沉积产物等组分性能对修复混凝土宏观概率特征的影响。算例表明，当组分的均值较大时，修复后混凝土的有效性能均值也较大，同时，出现较高性能的概率也增加；当组分的变异系数较大时，修复后混凝土有效性能的标准差较大，同时，修复后混凝土有效性能分布范围更广。

结论与展望

7.1 结　论

总体而言,本书对以下两个相关联的内容进行了研究:① 尽管人们已经深刻意识到工程材料宏观性能具有随机性,但是对于导致其随机性的原因研究甚少。鉴于此,笔者在前人基础上,提出了多相材料随机细观力学模型,为从(微)细观层次揭示工程材料宏观性能的随机性提供理论手段。② 作为一种适合于水环境下既有钢筋混凝土结构修复的新手段,电化学沉积修复方法已经引起了广大学者的重视,但是关于其修复的微观机理及相应的理论模型研究很少,鉴于此,笔者采用多孔混凝土试件进行了水环境下电化学沉积修复试验,并采用了一系列的宏微观试验手段对修复效果进行评估,而后,基于修复的主要机理和材料的微细观结构,分别提出了描述电化学沉积修复混凝土的确定性和随机性细观力学模型。第一部分侧重于理论上的探索,第二部分偏向于第一部分内容的应用。

1. 在多相材料随机细观力学模型方面

(1) 从工程材料微观结构特点出发,指出随机细观力学应至少包含材料(微)细观结构的随机描述,确定性细观力学模型和随机函数概率特征获取方法等三个方面的研究内容。以此思想为指导提出了含球形夹杂多相材料的随机(微)细观力学模型：引入应变集中张量，定义多相复合材料的有效模量，通过近似求解该张量(未考虑夹杂间相互作用)，形成了多相复合材料的确定性细观力学模型；采用随机向量描述多相复合材料微观结构；提出了包含维数分解、牛顿插值和蒙特卡洛法在内的高维随机函数的随机模拟方法以获取材料宏观性能的概率特征；经过试验和已有模型验证，说明本书模型结果和试验数据吻合较好，同时，本书模拟方法所得结果和直接采用蒙特卡洛法模拟的结果基本一致，但是该模拟方法可以大大减少求解微观力学方程的次数；基于本书提出的随机细观力学模型，发现组分材料的杨氏模量和泊松比存在负相关性时，复合材料拥有更高的有效模量。

(2) 提出了基于最大熵的两相材料随机细观力学模型：以第(1)点为基础，近似求解了考虑夹杂间相互作用的应变集中张量，形成了该随机模型的确定性细观力学框架；采用随机向量描述两相材料的(微)细观结构；通过蒙特卡洛法获取有效性能的统计矩，以此作为约束条件，基于最大熵原理获取相应有效性能的概率密度函数。为了提高求解过程的稳定性，对(有效模量)随机函数进行了标准化处理。最后，通过试验和已有模型对比发现：近似考虑夹杂间相互作用后，本书所提细观力学模型能更好地吻合试验结果；当夹杂和基体的性质相差不大时，是否考虑夹杂的影响，对于材料有效模量的预测影响不大；经过标准化处理后，基于最大熵的概率密度函数更为稳定；当考虑到有效模量的4阶矩或者6阶矩时，基于最大熵概率密度函数基本和蒙特卡洛方法结果一致；在获取统计矩时，随着样本点数量的增加得到的概率密度函数更精确，当采用1 000个样本点时，模拟结果和直接采用蒙特卡洛法结果基本一致；本书所提的基于最大熵的两相材料随机细观力学模型，可以较好地预测材料宏观性能的概率特征，包括有效模量的均值、标准差、各阶矩和概率密度函数。

2. 在电化学沉积修复混凝土试验及其相应的理论模型研究方面

(1) 本书采用多孔钢筋混凝土(模拟带裂缝的钢筋混凝土)试件进行电化学沉积试验;采用 Pundit Lab 超声检测仪,对修复过程多孔钢筋混凝土试件的超声波速度进行测量;采用标准渗透仪分别对有、无修复的砂浆试件进行渗透试验;采用微机控制电液伺服万能试验机分别对有、无修复的多孔钢筋混凝土试件进行了抗弯和抗压试验;采用阿基米德法测量了修复过程多孔混凝土试件的孔隙率演化;采用医用电子计算机断层扫描(医学CT),观察了多孔混凝土内部的孔隙分布;采用工业用电子计算机断层扫描(工业 CT),观察了电化学沉积产物在孔隙中的分布;采用扫描式电子显微镜(SEM),观察电化学沉积产物的微观结构,同时,观察了产物和混凝土基体的粘结界面;采用同步热分析仪(STA),对电化学沉积产物进行高温试验。试验结果表明:将电化学沉积修复方法应用于水环境下既有钢筋混凝土结构的修复是可行的。超声波试验结果表明修复过程多孔混凝土试件的平均超声波速曾上升趋势:从修复前 3 546 m/s 增为修复 14 d 后的 3 617 m/s再增为修复 35 d 后的 3 656 m/s;阿基米德法测量结果显示修复过程试件的平均孔隙率曾下降趋势:从修复前 0.299 9 降为修复 14 d 后的 0.262 45 再降为修复 35 d 后的 0.240 92;从医学 CT 和工业 CT 观察结果发现,多孔混凝土试件内部孔隙分布总体上是均匀的,同时电化学沉积产物沿着孔隙壁分布;SEM 结果显示电化学沉积产物结构密实,并且和混凝土基体粘结良好;标准渗透表明,电化学沉积修复作用使砂浆试件的平均渗透时间从 33.6 min 提高到 88.75 min;受压试验表明,电化学沉积法对多孔混凝土试件的抗压强度影响不大;受弯试验表明,电化学沉积法可以提高多孔混凝土的抗弯强度。

(2) 提出了定量描述电化学沉积修复(非饱和)混凝土的确定性细观力学模型:该模型将传统的混凝土骨料,砂浆及两者的界面视为基体相,将孔隙、水和电化学沉积产物视为夹杂相;同时,为了推广 M - T 方法的应用,引入了相关近似的修正函数。接着，对提出的多相细观模型进行多层次均匀化处理，逐步获取等效夹杂、等效基体、等效修复混凝土的有效性能。数值案例和试验对比表明：经过近似函数修正后，无论含水量多少，Mori－Tanaka法都可以用于预测等效夹杂的有效模量；所提出的多相细观修复力学模型和多层次均匀化方法不仅可用来定量化描述非饱和混凝土的电化学沉积修复的过程，作为特例，该模型还可以用来描述饱和混凝土的电化学修复过程以及描述饱和与非饱和混凝土的有效力学性能；基于此模型发现，电化学沉积产物强度越高；非饱和混凝土的有效饱和度越大，修复效果更明显。内部孔隙形状越趋于球形，修复混凝土的有效性质越强。

(3) 提出了电化学沉积修复(饱和)混凝土的随机细观力学模型：对修复过程电化学沉积产物生长进行非平稳高斯过程表征，同时，采用 K－L 分解将该随机过程转为有限个不相关随机变量和确定性函数的组合；以此为基础，结合本书提出的确定性细观修复力学模型，对修复过程混凝土宏观参数的概率特征进行预测。模拟结果和第 4 章试验结果对比表明，非平稳高斯过程和对应的 K－L 分解可以较好地反映修复过程电化学沉积产物的生长规律；随机修复模型不仅可以反映修复过程混凝土有效参数整体上升的趋势，同时，还反映混凝土个体修复存在的差异性。然后，基于此随机细观力学模型，讨论了混凝土基体、电化学沉积产物随机性对修复混凝土宏观性能概率特征的定量影响，算例表明，当组分的均值较大时，修复后混凝土的有效性能均值也较大，同时，出现较高性能的概率也增加；当组分的变异系数较大时，修复后混凝土有效性能的标准差较大，同时，修复后混凝土有效性能分布范围更广。

7.2 展　望

对比传统细观力学，随机细观力学及其应用还在起步阶段；同时，作为一种新兴的水环境下混凝土修复方法，电化学沉积修复方法也有待进一步探索；笔者根据当前的认识，认为以下几个方面需要进一步研究：

1. 在工程材料随机细观力学模型方面

（1）工程材料随机细观力学模型的建立，离不开对其微细观结构的随机描述，而该随机描述又是建立在大量试验样本统计的基础上，因此，建立合理的随机细观力学模型，需要进行大量的工程材料微细观结构测试试验。

（2）尽管已有较多的先进设备可以用于获取材料的微细观特征，但是，这不仅对试件和设备要求高，而且，要获取足够的样本也是费时费力。因此，探索基于材料部分统计特征的细观数值模拟方法对于研究材料微细观结构特征和宏观性能的定量关系有很大帮助。

2. 在电化学沉积修复混凝土试验和理论模型方面

（1）电化学沉积修复过程涉及化学、电学、材料学及力学等多个交叉学科内容，要彻底搞清该修复过程，为实际工程所应用，还需要更多的学者参与和更多的试验探索（如试验研究修复界面性能、沉积产物性能及分布规律等）。同时，电化学沉积修复方法对混凝土可能存在的负面作用研究很少，加强这一方面的试验探索和理论研究，有助于该方法的实际推广。

（2）目前笔者在建立电化学沉积修复混凝土细观力学模型时，做了不少假设。尽管这些假设尚有其合理性的时候，但是，无法满足所有的实际情况。为此，需要建立更加通用的理论模型，比如如何考虑修复界面的影响、如何考虑电化学沉积产物在孔隙中不均匀的分布（电化学沉积修复过程中沉积产物通常是从电解质溶液接触的表面往试件内部缓慢发展，而不是在整个试件中均匀分布）等。另外，笔者也仅讨论了电化学沉积修复作用对混凝土的力学性能的影响，如何从微细观层次考虑电化学沉积作用对其他材料参数的影响（如导热系数、渗透系数、抗压强度等）还要进一步的探索。

(3) 电化学沉积修复过程是电解质离子在电、水以及化学等多场的耦合作用下,在钢筋混凝土孔隙、裂缝及表面发生迁移、反应和沉积直至修复裂缝的过程,该过程跨越分子或者离子尺度和宏观裂缝尺度。因此,对电化学沉积修复过程进行多场耦合分析以及多重尺度模拟是需要进一步研究的方向。

参考文献

[1] Abu Al-Rub R K, Darabi M K, Little D N, et al. A micro-damage healing model that improves prediction of fatigue life in asphalt mixes[J]. International Journal of Engineering Science, 2010, 48(11): 966 - 990.

[2] Asmani M, Kermel C, Leriche A, et al. Influence of porosity on Young's modulus and Poisson's ratio in alumina ceramics[J]. Journal of the European Ceramic Society, 2001, 21. 1081 - 1086.

[3] Standard Test Method for Density, Absorption, and Voids in Hardened Concrete: ASTM C642 - 06[S].

[4] Baldwin K R, Smith C J E, Robinson M J. Cathodic Protection of Steel by Electrodeposited Zinc-Nickel Alloy Coatings[J]. Corrosion, 1995, 51(12): 932 - 940.

[5] Banchs R E, Klie H, Rodriguez A, et al. A neural stochastic multiscale optimization framework for sensor-based parameter estimation[J]. Integrated Computer-Aided Engineering, 2007, 14(3): 213 - 223.

[6] Bang S S, Galinat J K, Ramakrishnan V. Calcite precipitation induced by polyurethane-immobilized Bacillus pasteurii [J]. Enzyme and Microbial Technology, 2001, 28(4 - 5): 404 - 409.

[7] Benveniste Y. A new approach to the application of Mori-Tanaka's theory in

composite materials[J]. Mechanics and Materials, 1987, 6(2): 147 - 157.

[8] Beran M J, Molyneux J. Use of classical variational principles to determine bounds for the effective bulk modulus in heterogeneous media[J]. Quarterly of Applied Mathematics, 1966, 24: 107 - 118.

[9] Bernard O, Ulm F J, Lemarchand E. A multiscale micromechanics-hydration model for the early-age elastic properties of cement-based materials[J]. Cement and Concrete Research, 2003, 33(9): 1293 - 1309.

[10] Berryman J G. Long-wave propagation in composite elastic media II. Ellipsoidal inclusion[J]. J. Acoust. Soc. Am. 1980, 68(6): 1820 - 1831.

[11] Biswal B, Øren P E, Held R, et al. Stochastic multiscale model for carbonate rocks[J]. Physical Review E, 2007, 75(6): 1303 - 1 - 5.

[12] Caro S, Masad E, Bhasin A, et al. Probabilistic modeling of the effect of air voids on the mechanical performance of asphalt mixtures subjected to moisture diffusion[J]. Journal of the Association of Asphalt Paving Technologists, 2010, 79: 221 - 252.

[13] Chakraborty A, Rahman S. A parametric study on probabilistic fracture of functionally graded composites by a concurrent multiscalemethod[J]. Probabilistic Engineering Mechanics, 2009, 24(3): 438 - 451.

[14] Chakraborty A, Rahman S. Stochastic multiscale models for fracture analysis of functionally graded materials[J]. Engineering Fracture Mechanics, 2008, 75(8): 2062 - 2086.

[15] Chang J J, Yeih W C, Hsu H M, et al. Performance evaluation of using electrochemical deposition as a repair method for reinforced concrete beams[J]. Tech Science Press SL, 2009, 1(2): 75 - 93.

[16] Chen H S, Acrivos A. The effective elastic moduli of composite materials containing spherical inclusions at non-dilute concentrations[J]. International Journal of Solids and Structures, 1978, 14(5): 349 - 364.

[17] Chen X X, Dam M A, Ono K, et al. A thermally re-mendable cross-linked

polymeric material[J]. Science, 2002, 295(5560): 1698 - 1702.

[18] Christensen R M, Lo K H. Solutions for effective shear properties in three phase sphere and cylinder models[J]. Journal of the Mechanics and Physics of Solids, 1979, 27(4): 315 - 330.

[19] Chu H Q, Wang P M. Influence of additives on the formation of electrodeposits in the concrete cracks[J]. Journal of Wuhan University of Technology, 2011, 26 (2): 366 - 370.

[20] Climent M A, de Rojas M S, de Vera G, et al. Effect of type of Anodic arrangements on efficiency of electrochemical Chloride removal from concrete[J]. ACI Materials Journal, 2006, 103(4): 242 - 250.

[21] Cohen L, Ishai O. The elastic properties of three-phase composites[J]. Journal of Composite Materials, 1967, 1: 390 - 403.

[22] Counto U J. The effect of the elastic modulus of the aggregate on the elastic modulus, creep and creep recovery of concrete [J]. Magazine of Concrete Research, 1964, 16(48): 129 - 138.

[23] Cundall P A, Hart R D. Numerical modelling of discontinua[J]. Engineering Computations, 1992, 9(2): 101 - 113.

[24] De Muynck W, Debrouwer D, De Belie N, et al. Bacterial carbonate precipitation improves the durability of cementitiousmaterials[J]. Cement and Concrete Research, 2008, 38(7): 1005 - 1014.

[25] Dry C, Corsaw M. A comparison of bending strength between adhesive and steel reinforced concrete with steel only reinforced concrete[J]. Cement and Concrete Research, 2003, 33(11): 1723 - 1727.

[26] Dry C, Mcmillan W. Three-part methylmethacrylate adhesive system as an internal delivery system for smart responsive concrete[J]. Smart Materials and Structures, 1996, 5(3): 297 - 300.

[27] Dry C, Sottos N R. Passive smart self-repair in polymer matrix composites materials[C]// Proceedings of SPIE — The International Society for Optical

Engineering, 1993, 1916: 438 - 444.

[28] Dry C. Biomimetic rules for design of complex adaptive structure [C]// Proceedings of SPIE, 2001, 4512: 150 - 162.

[29] Dry C. Improvement in reinforcing bond strength in reinforced concrete with self-repairing chemical adhesives[C]// Proceedings of SPIE, 1997, 3043: 44 - 55.

[30] Dry C. Matrix cracking repair and filling using active and passive modes for smart timed release of chemicals from fibers into cement matrices[J]. Smart Materials and Structures, 1994, 3(2): 118 - 123.

[31] Dry C. Preserving performance of concrete members under seismic loading conditions[C]// Proceedings of SPIE, 1998, 3325: 74 - 80.

[32] Dry C. Repair and prevention of damage due to transverse shrinkage cracks in bridge decks[C]// Proceedings of SPIE, 1999a, 3671: 253 - 256.

[33] Dry C. Smart Bridge and building materials in which cyclic motion is controlled by internally released adhesives [C]// Proceedings of SPIE, 1996a, 2719: 247 - 252.

[34] Dry C. Smart earthquake resistant materials using time released adhesives for damping, stiffening, and deflection control[C]// Proceedings of SPIE, 1996b, 2779: 958 - 967.

[35] Dry C. Three designs for the internal release of sealants, adhesive, and waterproofing chemicals into concrete to reduce permeability[J]. Cement and Concrete Research, 2000, 30(12): 1969 - 1977.

[36] Dry C. Two intelligent materials both of which are self-forming and self-repairing, one also senses and recycles[C]// Proceedings of SPIE, 1996c, 2779: 164 - 171.

[37] Dry C. Use of embedded self-repair adhesives in certain areas of concrete bridge members to prevent failure from severe dynamic loading[C]// Proceedings of SPIE, 1999b, 3675: 126 - 130.

[38] Dry C M, Corsaw M J T. A time-release technique for corrosion prevention[J].

Cement and concrete Research, 1998, 28(8): 1133 - 1140.

[39] Er G K. A method for multi-parameter PDF estimation of random variables[J]. Structural Safety, 1998, 20: 25 - 36.

[40] Eshelby J D. Elastic inclusions and inhomogeneities[J]. Progress in solid mechanics, 1961, 2: 89 - 140.

[41] Eshelby J D. The determination of the elastic field of an ellipsoidal inclusion, and related problems[C]// Proceedings of the Royal Society of London. Series A. Mathematical, Physical and Engineering Sciences, 1957, 241(1226): 376 - 396.

[42] Eshelby J D. The elastic field outside an ellipsoidal inclusion[C]// Proceedings of the Royal Society of London. Series A, Mathematical, Physical and Engineering Sciences, 1959, 252(1271): 561 - 569.

[43] Feng X Q, Yu S W. Micromechanical modelling of tensile response of elastic-brittle materials[J]. International Journal of Solids and Structures, 1995, 32 (22): 3359 - 3372.

[44] Ferrante F, Graham-Brady L L. Stochastic simulation of non-Gaussian/non-stationary properties in a functionally graded plate[J]. Computer Methods in Applied Mechanics and Engineering, 2005, 194(12 - 16): 1675 - 1692.

[45] Garboczi E J, Berryman J G. Elastic moduli of a material containing composite inclusions: effective medium theory and finite element computations[J]. Mechanics of Materials, 2001, 33(2): 455 - 470.

[46] Ghanem P D, Spanos P D. Stochastic Finite Elements: A Spectral Approach [M]. Springer-Verlag, New York, NY, 1991.

[47] Grigoriua M, Garboczi E, Kafali C. Spherical harmonic-based random fields for aggregates used in concrete[J]. Powder Technology, 2006, 166(3): 123 - 138.

[48] Guilleminot J, Soize C, Kondo D, et al. Stochastic model identification of fibre-reinforced composites at the mesoscale[J]. JEC Composites Magazine, 2008b, 45(45): 73 - 74.

[49] Guilleminot J, Soize C, Kondo D, et al. Theoretical framework and experimental

procedure for modelling volume fraction stochastic fluctuations in fiber reinforced composites[J]. International Journal of Solid and Structures, 2008, 45(21): 5567 - 5583.

[50] Guilleminot J, Soize C, Kondo D. Mesoscale probabilistic models for the elasticity tensor of fiber reinforced composites: Experimental identification and numerical aspects[J]. Mechanics of Materials, 2009, 41(12): 1309 - 1322.

[51] Hansen T C. Influence of aggregate and voids on modulus of elasticity if concrete, cement mortar, and cement paste[J]. Journal of the American Concrete Institute, 1965, 62(2): 193 - 215.

[52] Hansson I L H, Hansson C M. Electrochemical extraction of chlorides from concrete part I — A qualitative model of the process[J]. Cement and Concrete Research, 1993, 23(5): 1141 - 1152.

[53] Hartt W H. Analytical evaluation of galvanic anode cathodic protection systems for steel in concrete[J]. Corrosion, 2002, 58(6): 513 - 518.

[54] Hashin Z, Shtrikman S. A variational approach to the theory of the elastic behaviour of multiphase materials[J]. Journal of the Mechanics and Physics of Solids, 1963, 11(2): 127 - 140.

[55] Hashin Z, Shtrikman S. A variational approach to the theory of the elastic behaviour of polycrystals[J]. Journal of the Mechanics and Physics of Solids, 1962b, 10(4): 343 - 352.

[56] Hashin Z, Shtrikman, S. On some variational principles in anisotropic and nonhomogeneous elasticity[J]. Journal of the Mechanics and Physics of Solids, 1962a, 10(4): 335 - 342.

[57] Hill R. A self-consistent mechanics of composite materials[J]. Journal of the Mechanics and Physics of Solids, 1965, 13(4): 213 - 222.

[58] Iwakuma T, Nemat-Nasser S. Composites with periodic microstructure[J]. Computers & Structures, 1983, 16(1 - 4): 13 - 19.

[59] Jiang Z W, Xing F, Sun Z P, et al. Healing effectiveness of cracks rehabilitation

in reinforced concrete using electrodeposition method[J]. Journal of Wuhan University of Technology，2008，23(6)：917－922.

[60] Ju J，Lee X. Micromechanical damage models for brittle solids. Part I：Tensile loadings[J]. J. Eng. Mech.，1991，117(7)，1495－1514.

[61] Ju J W，Chen T M. Effective elastic moduli of two-dimensional brittle solids with interacting microcracks. Part I：Basic formulations[J]. Journal of Applied Mechanics，ASME，1994c，61(2)：349－357.

[62] Ju J W，Chen T M. Effective elastic moduli of two-phase composites containing randomly dispersed spherical inhomogeneities[J]. ActaMechanica，1994b，103(1－4)：123－144.

[63] Ju J W，Chen T M. Micromechanics and effective moduli of elastic composites containing randomly dispersed ellipsoidal inhomogeneities[J]. ActaMechanica，1994a，103(1－4)：103－121.

[64] Ju J W，Ko Y F，Ruan H N. effective elastoplastic damage mechanics for fiber-reinforced composites with evolutionary complete fiber debonding [J]. International Journal of Damage Mechanics，2006，15(3)：237－265.

[65] Ju J W，Lee H K. A micromechanical damage model for effective elastoplastic behavior of partially debonded ductile matrix composites[J]. International Journal of Solids and Structures，2001，38(36－37)：6307－6332.

[66] Ju J W，Lee H K. A micromechanical damage model for effective elastoplastic behavior of ductile matrix composites considering evolutionary complete particle debonding[J]. Computer Methods in Applied Mechanics and Engineering，2000，183(3－4)：201－222.

[67] Ju J W，Sun L Z. A novel formulation for the exterior-point Eshelby's tensor of an ellipsoidal inclusion[J]. Journal of Applied Mechanics，1999，66(2)：570－574.

[68] Ju J W，Sun L Z. Effective elastoplastic behavior of metal matrix composites containing randomly located aligned spheroidal inhomogeneities. Part I：

micromechanics-based formulation [J]. International Journal of Solids and Structures, 2001, 38(2): 183-201.

[69] Ju J W, Tseng K H. A three-dimensional statistical micromechanical theory for brittle solids with interacting microcracks[J]. International Journal of Damage Mechanics, 1992, 1(1): 102-131.

[70] Ju J W, Tseng K H. An improved two-dimensional micromechanical theory for brittle solids with many randomly located interacting microcracks [J]. International Journal of Damage Mechanics, 1995, 4(1): 23-57.

[71] Ju J W, Yanase K. Micromechanical effective elastic moduli of continuous fiber-reinforced composites with near-field fiber interactions [J]. ActaMechanica, 2011a, 216(1): 87-103.

[72] Ju J W, Yanase K. Micromechanics and effective elastic moduli of particle-reinforced composites with near-field particle interactions[J]. ActaMechanica, 2010, 215(1): 135-153.

[73] Ju J W, Zhang X D. Micromechanics and effective transverse elastic moduli of composites with randomly located aligned circular fibers[J]. International Journal of Solids and Structures, 1998, 35(9-10): 941-960.

[74] Ju J W, Chen T M. Effective elastic moduli of two-dimensional brittle solids with interacting microcracks. Part II: Evolutionary damage models[J]. Journal of Applied Mechanics, ASME, 1994d, 61(2): 358-366.

[75] Ju J W, Yanase K. Size-dependent probabilistic micromechanical damage mechanics for particle-reinforced metal matrix composites [J]. International Journal of Damage Mechanics, 2011b, 20(7): 1021-1048.

[76] Kewalramani M A, Guptal R. Concrete compressive strength prediction using ultrasonic pulse velocity through artificial neural networks[J]. Automation in Construction, 2006, 15(3): 374-379.

[77] Lee J, Xi YP, Willam K, et al. A multiscale model for modulus of elasticity of concrete at high temperatures[J]. Cement and Concrete Research, 2009, 39(9):

754 - 762.

[78] Lee X, Ju J W. Micromechanical damage models for brittle solids. Part II: Compressive loadings[J]. Journal of Engineering Mechanics, ASCE, 1991, 117(7): 1516 - 1537.

[79] Li G Q, Zhao Y, Pang S S. Four-phase sphere modeling of effective bulk modulus of concrete[J]. Cement and Concrete Research, 1999, 29(6): 839 - 845.

[80] Liu W K, Siad L, Tian R, et al. Complexity science of multiscale materials via stochastic computations[J]. International Journal for Numerical Methods in Engineering, 2009, 80(6 - 7): 932 - 978.

[81] Maji A K, Negret I. Smart prestressing with shape-memory alloy[J]. Journal of Engineering Mechanics, 1998, 124(10): 1121 - 1128.

[82] Marcotte T D, Hansson C M, Hope B B. The effect of the electrochemical chloride extraction treatment on steel-reinforced mortar. Part I: Electrochemical measurements[J]. Cement and Concrete Research, 1999, 29(10): 1555 - 1560.

[83] Martin L P, Dadon D, Rosen M. Evaluation of ultrasonically determined elasticity-porosity relations in Zinc Oxide[J]. Journal of the American Ceramic Society, 1996, 79(5): 1281 - 1289.

[84] Mehrez L, Doostan A, Moens D, et al. Stochastic identification of composite material properties from limited experimental databases. Part II: Uncertainty modelling[J]. Mechanical Systems and Signal Processing, 2012b, 27: 484 - 498.

[85] Mehrez L, Moens D, Vandepitte D. Stochastic identification of composite material properties from limited experimental databases. Part I: Experimental database construction[J]. Mechanical Systems and Signal Processing, 2012a, 27: 471 - 483.

[86] Milton G M. Bounds on the elastic and transport properties of two-component composites[J]. Journal of the Mechanics and Physics of Solids, 1982, 30(3): 177 - 191.

[87] Miranda J M, Cobo A, Otero E, et al. Limitations and advantages of electrochemical chloride removal in corroded reinforced concrete structures[J]. Cement and Concrete Research, 2007, 37(4): 596 - 603.

[88] Miranda J M, González J A, Cobo A, et al. Several questions about electrochemical rehabilitation methods for reinforced concrete structures[J]. Corrosion Science, 2006, 48(8): 2172 - 2188.

[89] Mohankumar G. Concrete repair by electrodeposition[J]. Indian Concrete Journal, 2005, 79(8): 57 - 60.

[90] Mondal P. Nanomechanical properties of cementitiousmaterials[D]. USA: Northwestern University, 2008.

[91] Mori T, Tanaka K. Average stress in matrix and average energy of materials with misfitting inclusions[J]. ActaMetallurgica, 1973, 21(5): 571 - 574.

[92] Mura T. Micromechanics of Defects in Solids[M]. the Netherlands: Martinus Nijhoff Publishers, 1987.

[93] Nemat-Nasser S, Hori M. Micromechanics: Overall Properties of Heterogeneous Solids[M]. Amsterdam: Elsevier Science Publishers, 1993.

[94] Nemat-Nasserv S, Taya M. On effective moduli of an elastic body containing periodically distributed voids: comments and corrections[J]. Quarterly of Applied Mathematics, 1985, 43: 187 - 188.

[95] Nemat-Nasserv S, Taya M. On effective moduli of an elastic body containing periodically distributed voids[J]. Quarterly of Applied Mathematics, 1981, 39: 43 - 59.

[96] Nguyen N B, Giraud A, Grgic D. A composite sphere assemblage model for porous ooliticrocks[J]. International Journal of Rock Mechanics and Mining Sciences, 2011, 48(6): 909 - 921.

[97] Norris A N. An examination of the Mori-Tanaka effective medium approximation for multiphase composites[J]. Journal of Applied Mechanics-Transactions, ASME, 1989, 56: 83 - 88.

[98] Otsuki N, Hisada M, Ryu J S, et al. Rehabilitation of concrete cracks by electrodeposition[J]. Concrete International, 1999, 21(3): 58 - 63.

[99] Otsuki N, Ryu J S. Use of electrodeposition for repair of concrete with shrinkage cracks[J]. Journal of Materials in Civil Engineering(ASCE), 2001, 13(2): 136 - 142.

[100] Parameswaran V, Shukla A. Processing and characterization of a model functionally gradient material[J]. Journal of Materials Science, 2000, 35: 21 - 29.

[101] Pedeferri P. Cathodic protection and cathodicprevention[J]. Construction and Building Materials, 1996, 10(5): 391 - 402.

[102] Prassianakis I N, Prassianakis N I. Ultrasonic testing of non-metallic materials: concrete and marble[J]. Theoretical and Applied Fracture Mechanics, 2004, 42: 191 - 198.

[103] Prassianakis I N. An experimental approach to damage evaluation using ultrasounds[J]. Eur. J. NDT Insight, 1994, 3: 93 - 96.

[104] Qu J M, Cherkaoui M. Fundamentals of Micromechanics of Solids[M]. Hoboken, New Jersey: John Wiley & Sons, Inc, 2006.

[105] Rahman S, Chakraborty A. A stochastic micromechanical model for elastic properties of functionally graded materials[J]. Mechanics of Materials, 2007, 39(6): 548 - 563.

[106] Rahman S. Multi-scale fracture of random heterogeneous materials[J]. Ships and Offshore Structures, 2009, 4(3): 261 - 274.

[107] Ramachandran S K, Ramakrishnan V, Bang S S. Remediation of concrete using micro-organisms[J]. ACI Materials Journal, 2001, 98(1): 3 - 9.

[108] Ramesh G, Sotelino E, Chen W. Effect of transition zone on elastic stresses in concrete materials[J]. Journal of Materials in Civil Engineering, 1998, 10(4): 275 - 282.

[109] Roscoe R. Isotropic composites with elastic or viscoelastic phases: General

bounds for the moduli and solutions for special geometries[J]. Rheologica Acta, 1973, 12(3): 404 - 411.

[110] Rubinstein J, Torquato S. Flow in random porous media: Mathematical formulation, variational principles, and rigorous bounds[J]. Journal of Fluid Mechanics, 1989, 206: 25 - 46.

[111] Ryou J S, Monteiro P. Electrodeposition as a rehabilitation method for concrete materials[J]. Canadian Journal of Civil Engineering, 2004, 31(5): 776 - 781.

[112] Ryou J S, Otsuki N. Experimental study on repair of concrete structural members by electrochemical method[J]. ScriptaMaterialia, 2005, 52(11): 1123 -1127.

[113] Ryu J S, Otsuki N. Application of electrochemical techniques for the control of cracks and steel corrosion in concrete[J]. Journal of Applied Electrochemistry, 2002a, 32(6): 635 - 639.

[114] Ryu J S, Otsuki N. Crack closure of reinforced concrete by electro deposition technique[J]. Cement and Concrete Research, 2002b, 32(1): 159 - 164.

[115] Ryu J S, Otsuki N. Experimental study on repair of concrete structural members by electrochemical method[J]. Scripta Materialia, 2005, 52(11): 1123 -1127.

[116] Ryu J S. An experimental study on the repair of concrete crack by electrochemical technique[J]. Materials and Structures, 2001, 34(7): 433 - 437.

[117] Ryu J S. Influence of crack width, cover depth, water cement ratio and temperature on the formation of electrodeposition on the concrete surface[J]. Magazine of Concrete Research, 2003a, 55(1): 35 - 40.

[118] Ryu J S. New waterproofing technique for leaking concrete[J]. Journal of Materials Science Letters, 2003b, 22(14): 1023 - 1025.

[119] Schjødt-Thomsen J, Pyrz R. The Mori-Tanaka stiffness tensor: diagonal symmetry, complex fibre orientations and non-dilute volume fractions[J]. Mechanics of Materials, 2001, 33: 531 - 544.

[120] Schlangen E, Garboczi E J. New method for simulating fracture using an elastically uniform random geometry lattice [J]. International Journal of Engineering Science, 1996, 34(10), 1131 - 1144.

[121] Sheng P, Callegari A J. Differential effective medium theory of sedimentary rocks[J]. Applied Physics Letters, 1984, 44(8): 738 - 740.

[122] Sheng P. Effective-medium theory of sedimentary rocks[J]. Physical Review B, 1990, 41(7): 4507 - 4512.

[123] Shkolnik I E. Effect of nonlinear response of concrete on its elastic modulus and strength[J]. Cement and Concrete Composites, 2005, 27: 747 - 757.

[124] Smith J C. Experimental values for the elastic constants of a particulate-filled glassy polymer[J]. Journal of Research of the National Bureau of Standards, 1976, 80A: 45 - 49.

[125] Sriramula S, Chryssanthopoulos M K. Quantification of uncertainty modelling in stochastic analysis of FRP composites [J]. Composites Part A: Applied Science and Manufacturing, 2009, 40(11): 1673 - 1684.

[126] Stora E, He Q C, Bary B. Influence of inclusion shapes on the effective linear elastic properties of hardened cement pastes [J]. Cement and Concrete Research, 2006, 36(7): 1330 - 1344.

[127] Sun L Z, Ju J W, Liu H T. Elastoplastic modeling of metal matrix composites with evolutionary particle debonding[J]. Mechanics of Materials, 2003b, 35 (3 - 6): 559 - 569.

[128] Sun L Z, Ju J W. Effective elastoplastic behavior of metal matrix composites containing randomly located aligned spheroidal inhomogeneities. Part II: applications[J]. International Journal of Solids and Structures, 2001, 38(2): 203 - 225.

[129] Sun L Z, Ju J W. Elastoplastic modeling of metal matrix composites containing randomly located and oriented spheroidal particles [J]. Journal of Applied Mechanics, 2004, 71(6): 774 - 785.

[130] Sun L Z, Liu H T, Ju J W. Effect of particle cracking on elastoplastic behavior of metal matrix composites[J]. International Journal for Numerical Methods in Engineering, 2003a, 56(14): 2183 - 2198.

[131] Toohey K S, Sottos N R, Lewis J A, et al. Self-healing materials with microvascular networks[J]. Nature Materials, 2007, 6: 581 - 585.

[132] Torquato S. Effective electrical conductivity of two-phase disordered composite media[J]. Journal of Applied Physics, 1985, 58(10): 3790 - 3797.

[133] Torquato S. Effective stiffness tensor of composite media - I. Exact series expansions[J]. Journal of the Mechanics and Physics of Solids, 1997, 45(9): 1421 - 1448.

[134] Torquato S. Random heterogeneous materials: microstructure and macroscopic properties[M]. Springer, 2001.

[135] Torquato S. Effective stiffness tensor of composite media - II. Application to isotropic dispersions[J]. Journal of the Mechanics and Physics of Solids, 1998, 46(8): 1411 - 1440.

[136] Van Tittelboom K, De Belie N, De Muynck W, et al. Use of bacteria to repair cracks in concrete[J]. Cement and Concrete Research, 2010, 40(1): 157 - 166.

[137] Walsh J B, Brace W E, England A W. Effect of porosity on compressibility of glass[J]. Journal of the American Ceramic Society, 1965, 48: 605 - 608.

[138] Wang H L, Li Q B. Prediction of elastic modulus and Poisson's ratio for unsaturated concrete[J]. International Journal of Solids and Structures, 2007, 44(5): 1370 - 1379.

[139] Wang L B, Frost J D, Lai J S. Three-Dimensional Digital Representation of Granular Material Microstructure from X-Ray Tomography Imaging[J]. Journal of Computing in Civil Engineering, 2004, 18(1): 28 - 35.

[140] Wang L B, Frost J D, Shashidhar N. Microstructure study of westrack mixes from X-ray tomography images[J]. Transportation Research Record, 2001, 1767: 85 - 94.

[141] Wang L B, Frost J D, Voyiadjis G, et al. Quantification of damage parameters using X-ray tomography images[J]. Mechanics of Materials, 2003, 35(8): 777 - 790.

[142] Wang M, Pan N. Elastic property of multiphase composites with random microstructures[J]. Journal of Computational Physics, 2009, 228(16): 5978 -5988.

[143] Wang Z M, Kwan A K H, Chan H C. Mesoscopic study of concrete I: generation of random aggregate structure and finite element mesh [J]. Computers and Structures, 1999, 70(5): 533 - 544.

[144] White S R, Sottos N R, Geubelle P H, et al. Autonomic healing of polymer composites[J]. Nature, 2001, 409: 794 - 797.

[145] Willis J R. Bounds and self-consistent estimates for the overall properties of anisotropic composites[J]. Journal of the Mechanics and Physics of Solids, 1977, 25(3): 185 - 202.

[146] Willis J R. On methods for bounding the overall properties of nonlinear composites [J]. Journal of the Mechanics and Physics of Solids, 1991, 39(1): 73 - 86.

[147] Wolf H. Repair of reinforced concrete structures by mineral accretion[P]. US Patent: 4440605, 1984 - 04 - 03.

[148] Xu H, Rahman S. Decomposition methods for structural reliability analysis[J]. Probabilistic Engineering Mechanics, 2005, 20: 239 - 250.

[149] Yaman I O, Hearn N, Aktan H M. Active and non-active porosity in concrete part I: experimental evidence[J]. Materials and Structures, 2002a, 35(2), 102 - 109.

[150] Yaman I O, Hearn N, Aktan H M. Active and non-active porosity in concrete part II: evaluation of existing models[J]. Materials and Structures, 2002b, 35 (2): 110 - 116.

[151] Yan Z G, Chen Q, Zhu H H, et al. A multiphase micromechanical model for unsaturated concrete repaired by electrochemical deposition method [J]. International Journal of Solids and Structures, 2013, 50(24): 3875 - 3885.

[152] Yanase K, Ju J W. Effective elastic moduli of spherical particle reinforced composites containing imperfect interfaces[J]. International Journal of Damage

Mechanics，2012，21(1)：97 - 127.

[153] Yang Q S，Tao X，Yang H. A stepping scheme for predicting effective properties of the multi-inclusion composites[J]. International Journal of Engineering Science，2007，45(12)：997 - 1006.

[154] Yang Y Z，Yang Y H，Li V C. Autogenous healing of engineered cementitious composites at early age [J]. Cement and Concrete Research，2011，41(2)：176 - 183.

[155] Yin X L，Horstemeyer M F，Lee S，et al. Efficient Random Field Uncertainty Propagation in Design Using Multiscale Analysis[J]. Journal of Mechanical Design，2009，131(2)：1006 - 1 - 10.

[156] Yokoda M，Fukute T. Rehabilitation and protection of marine concrete structure using electrodeposition method[C]// Proceedings of the International RILEM/CSIRO/ACRA Conference on Rehabilitation of Concrete Structures，RILEM，Melbourne，1992，213 - 222.

[157] Zhang J J，Bentley L R. Factors determining Poisson's ratio[R]. CREWES Research Report，2005，17：1 - 15.

[158] Zhao Y H，Tandon G R，Weng G J. Elastic moduli for a class of porous materials[J]. Acta Mech. 1989，76：105 - 131.

[159] Zhou F P，Lydon F D，Barr B I G. The elastic coarse aggregate on elastic modulus and compressive strength of high performance concrete[J]. Cement And Concrete Research，1995，25(1)：177 - 186.

[160] Zhu W C，Tang C A. Numerical simulation on shear fracture process of concrete using mesoscopic mechanical model[J]. Constructions and Building Materials，2002，16(8)：453 - 463.

[161] Zhu H H，Chen Q，Yan Z G，et al. Micromechanical models for saturated concrete repaired by electrochemical deposition method [J]. Materials and Structures，2014，47：1067 - 1082.

[162] Zimmerman R W，King M S，Monteiro P J M. The elastic moduli of mortar as

a porous-granular material[J]. Cement And Concrete Research, 1986, 16: 239 - 245.

[163] 白卫峰,陈健云,孙胜男.孔隙湿度对混凝土初始弹性模量影响[J].大连理工大学学报,2010,50(5): 712 - 716.

[164] 柴立和.多尺度科学的研究进展[J].化学进展,2005,17(2): 186 - 191.

[165] 陈志文,李兆霞.结构损伤多尺度描述及其均匀化算法[J].东南大学学报(自然科学版),2010,40(3): 533 - 537.

[166] 储洪强,蒋林华,徐怡.电沉积法修复混凝土裂缝中电流密度的影响[J].建筑材料学报,2009,12(6): 729 - 733.

[167] 储洪强,蒋林华,张研.基于灰色理论预测电沉积处理后的混凝土抗碳化性能[J].河海大学学报(自然科学版),2010,38(2): 170 - 175.

[168] 储洪强,蒋林华.电沉积处理对砂浆比表面积及微孔结构的影响[J].建筑材料学报,2006,9(5): 627 - 632.

[169] 储洪强.电沉积方法修复混凝土裂缝技术研究[D].南京: 河海大学,2005.

[170] 杜修力,金浏.混凝土静态力学性能的细观力学方法述评[J].力学进展,2011,41(4): 411 - 426.

[171] 范镜泓.材料变形与破坏的多尺度分析[M].北京: 科学出版社,2008.

[172] 中华人民共和国住房和城乡建设部.混凝土结构加固设计规范: GB 50367 - 2006[S].北京: 中国建筑工业出版社,2006.

[173] 中华人民共和国建设部.普通混凝土力学性能试验方法标准: GB/T 50081 - 2002[S].北京: 中国建筑工业出版社,2003.

[174] 中华人民共和国住房和城乡建设部,中华人民共和国国家质量监督检验检疫总局.工程结构可靠度设计统一标准: GB 50153 - 2008[S].北京: 中国建筑工业出版社,2009.

[175] 蒋正武,龙广成,孙振平.混凝土修补: 原理、技术与材料[M].北京: 化学工业出版社,2009.

[176] 蒋正武,孙振平,王培铭.电化学沉积法修复钢筋混凝土裂缝的机理[J].同济大学学报(自然科学版),2004,32(11): 1471 - 1475.

[177] 蒋正武,孙振平,王培铭.电化学沉积法修复钢筋混凝土裂缝的愈合效果[J].东南大学学报(自然科学版),2006,36(增刊II):129-134.

[178] 李杰,任晓丹.基于摄动方法的多尺度损伤表示理论[J].中国科学:物理学 力学 天文学,2010,40(3):344-352.

[179] 李杰,刘章军.随机脉动风场的正交展开方法[J].土木工程学报,2008,41(2):49-53.

[180] 李杰.随机结构系统——分析与建模[M].北京:科学出版社,1996.

[181] 林枫,Meyer Christian.硬化水泥浆体弹性模量细观力学模型[J].复合材料学报,2007,24(2):184-189.

[182] 刘光廷,王宗敏.用随机骨料模型数值模拟混凝土材料的断裂[J].清华大学学报(自然科学版),1996,36(1):84-89.

[183] 马怀发,陈厚群,黎保琨.混凝土细观力学研究进展及评述[J].中国水利水电科学研究学院学报,2004,2(2):124-130.

[184] 唐春安,朱万成.混凝土损伤与断裂——数值试验[M].北京:科学出版社,2003.

[185] 王海龙,李庆斌.饱和混凝土的弹性模量预测[J].清华大学学报(自然科学版),2005,45(6):761-763,775.

[186] 姚武,郑晓芳.电沉积法修复钢筋混凝土裂缝的试验研究[J].同济大学学报(自然科学版),2006,34(11):1441-1444.

[187] 张庆华,刘西拉,朱振宇.用自洽方法计算混凝土的弹性模量[J].上海交通大学学报,2001,35(10):1503-1506.

[188] 张研,张子明.材料细观力学[M].北京:科学出版社,2008.

[189] 张羽,张俊喜,王昆,等.电化学修复技术在钢筋混凝土结构中的研究及应用[J].材料保护,2009,42(8):51-55.

[190] 张子明,张研,宋智通.基于细观力学方法的混凝土热膨胀系数预测[J].计算力学学报,2007,24(6):806-810.

[191] 赵国藩.结构可靠度理论[M].北京:中国建筑工业出版社,2000.

[192] 赵吉坤,张子明.混凝土及岩石弹塑性损伤细观破坏研究[D].南京:河海大学,2007.

后 记

本书完稿之时，我的博士生活也近尾声。回首这段岁月，需要感谢的人很多。

感谢我的导师朱合华教授。从选题、开展研究、写作到修改，每一环节都倾注了导师大量的心血。导师国际化的视野，前沿而精髓的学术造诣，具有前瞻性的选题是课题研究顺利推进的坚实基础；导师耐心的教导和鼓励以及为我创造的学习条件是研究顺利进展的重要保障。同时，导师宽广的胸襟、谦逊的学者风范也深深影响了我，使我获益匪浅。另外，在生活和工作方面，导师和师母吴老师给予了我和我爱人无微不至的关心和帮助，借此机会向导师及师母表示我最诚挚的谢意！

副导师闫治国副教授在选题、开展研究、写作和修改过程中都给予我悉心的指导，尤其是在试验方案制定与推进、学术期刊写作等方面给了我许多具体的指导。同时，闫老师在生活和工作上给了我很多关心，谢谢闫老师！感谢副导师朱建文教授（UCLA）在我课题推进过程中给予的悉心指导和帮助，尤其是在（微）细观力学模型以及国际期刊论文写作等方面给了我许多宝贵的意见。感谢国外合作导师郭峰副教授与汪林兵教授（VT）在科研上的指导以及在生活上的关心和照顾；同时，感谢两位合作导师课题组学生对我学习和生活上的帮助。

蒋正武教授对我的试验工作提了很多宝贵的意见并给予了很多具体的支撑；同时，试验工作还得到了杨正宏教授、娄旻邦、黄来平老师和周帅、沈奕同学、陈焕辉舍友等的指导和帮助，在此向他们表示感谢。

感谢研究室夏才初、丁文其、蔡永昌、刘学增教授和李晓军、徐前卫副教授、庄晓莹博士等各位老师在博士期间给予的指导；感谢叶文妍老师在日常生活中给予的帮助；感谢李恩璞、张琦、武伯弢、李培楠、李秋实、武威、陈正发、沈奕、周帅、陈雪琴、王安明、朱宝林、左育龙、杨晨、隋涛、郭清超、于鹏等众位同门在学习、科研及生活上给予的帮助。感谢2010级博士班同学对我的关心和陪伴。在赴美留学期间，感谢国家留学基金管理委员会给予的资助；感谢许多在VT求学与访学的学生、老师给予的帮助。

感谢硕士生导师许强教授的教诲与帮助；感谢原工作单位上海建工的领导和同事给予的帮助；感谢亦师亦友的王长虹师兄在多方面给予的支持。

感谢爱人曹力楠女士的理解；感谢父母一直以来无怨无悔的付出；感谢一路走来所有关心我的人。

陈　庆